I0481671

Editores:

Wilson J. González Espada
Daniel A. Colón Ramos
Mónica I. Feliú Mójer

¡CIENCIA BORICUA!

Ensayos y anécdotas del científico puertorro

CienciaPR.org

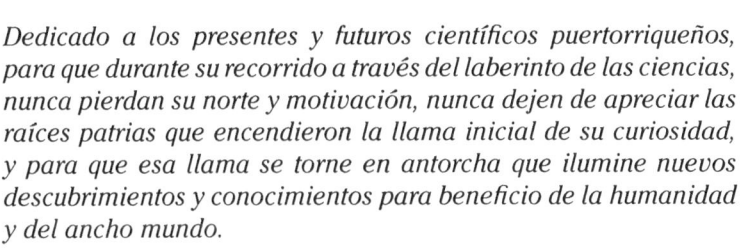

Dedicado a los presentes y futuros científicos puertorriqueños, para que durante su recorrido a través del laberinto de las ciencias, nunca pierdan su norte y motivación, nunca dejen de apreciar las raíces patrias que encendieron la llama inicial de su curiosidad, y para que esa llama se torne en antorcha que ilumine nuevos descubrimientos y conocimientos para beneficio de la humanidad y del ancho mundo.

© Ciencia Puerto Rico
www.cienciapr.org
Reservados todos los derechos de esta edición

Diseño colección:
Samuel Rosario

Tipografía:
Marcos Pastrana Fuentes

Ciencia Puerto Rico agradece a Pfizer Global
Supply en Puerto Rico por auspiciar la
publicación de este

Agradecemos a Aníbal Colón Rosado y Nélida Ramos Torres, de la Editorial Poemar por su trabajo
de edición.

Agradecemos, además, a El Nuevo Día Educador
por su respaldo para la promoción del mismo.

ISBN 13: 978-1982060-25-1

Datos para catalogación:

Ensayos
Ediciones Callejón. 2017. Tercera edición.

1. Ciencia
2. Geografía
3. Biología
4. Genética
5. Astronomía

*Ninguna parte de este libro,
incluido el diseño de la portada,
puede ser reproducida sin permiso
previo del editor.*

Índice

Prólogo

"Ciencia es la presentación de todos y cada uno de los esfuerzos del entendimiento."

Eugenio María de Hostos

Me acuerdo de las veces que, de niño, sentado en las clases de ciencias de mi escuela elemental, me moría de aburrimiento mientras la maestra discutía conceptos científicos que sonaban ajenos e irrelevantes. Los ejemplos venían de libros importados y mal traducidos al español. En lo que realmente se asemejaban al famoso cuento de Abelardo Díaz Alfaro "Santa Cló va a La Cuchilla", los libros describían naturalezas lejanas que nada tenían que ver con las que yo conocía. Por ejemplo, para explicar la estrategia de dispersión de semillas de los árboles, me acuerdo tener que memorizar, a la mala, la estrategia de los "maple trees" –árbol que en español se llama arce– y sus semillas en forma de pequeños helicópteros. Los maple trees no se dan en Puerto Rico y las pequeñas semillas en forma de helicópteros sonaban como algo sacado de un libro de cuentos. La memorización de este ejemplo era una tortura china que, para un niño boricua, ilustraba pobremente el concepto de dispersión de semillas.

El proceso de la dispersión de semillas es hermoso y universal. El arce (maple tree), común en la costa noreste de los Estados Unidos es un excelente ejemplo... para un niño que se ha criado en esa región de los Estados Unidos y que ve esas semillitas en su patio todos los otoños. Para un joven puertorriqueño, criado entre los abayardes y las ortigas de nuestros bosques tropicales lluviosos, es un ejemplo abstracto y ajeno. No obstante, la realidad es que la dispersión de semillas está muy presente en nuestro archipiélago. En Puerto Rico, un ejemplo más relevante y accesible que ilustra el mismo concepto es el del tulipán africano (*Spathodea campanulata*, mejor conocido en mi barrio como "meaíto"). ¿Qué niño puertorriqueño no recuerda las semillitas en forma de corazoncitos, rodeadas por una membrana transparente, volando por las marquesinas en las tardes veraniegas?

Aunque es bueno conocer ejemplos de otras partes del mundo, la ausencia de ejemplos autóctonos en la ilustración de conceptos científicos es desastrosa para la educación de nuestros jóvenes, futuros científicos puertorriqueños. En primera instancia, crea la falsa impresión de que las ciencias no tienen nada que ver con nuestra realidad cotidiana puertorriqueña. En segunda, no nos permite conocer más sobre nuestro entorno y patrimonio natural. Por último, las ciencias se convierten en algo lejano e inaccesible, que se hace en otras partes pero no en Puerto Rico.

¡Pero nada más lejos de la verdad! Las ciencias nos pertenecen a todos. Las preguntas científicas brotan de una curiosidad innata, característica universal de los seres humanos. Son preguntas que nos hicimos desde niños. ¿Por qué no hay osos en Puerto Rico? Si somos unas islas volcánicas, ¿dónde están los dichosos volcanes? ¿Qué motiva al coquí a cantar?

¡Ciencia Boricua! es un libro que recoge ensayos emblemáticos sobre las ciencias y Puerto Rico. No es un libro de texto científico, pero entre sus páginas encontrarás respuestas científicas a preguntas que siempre te has hecho. Aunque los ensayos tratan conceptos científicos, están escritos con el público en general en mente. Como quien dice, presentamos las ciencias "en arroz y habichuelas". En particular, el libro está escrito con los jóvenes puertorriqueños en mente, aunque

estamos seguros de que cualquier persona que lea este libro aprenderá y disfrutará mucho de su contenido.

En momentos en que se habla de Puerto Rico como la Bio-Isla, que se discute el desarrollo de la energía verde y, simultáneamente, la posible destrucción de baluartes ecológicos como la Zona del Carso y el Corredor Ecológico del Noreste, es de suma importancia conocer la trascendencia de las ciencias en Puerto Rico y cómo éstas ejercen su efecto en nuestras vidas. En *¡Ciencia Boricua!*, nuestros científicos te llevarán de la mano a través de su trayectoria en las ciencias, ilustrando descubrimientos con ejemplos que tienen que ver con la realidad puertorriqueña. Entre las páginas de este libro verás cómo los conceptos científicos, universales y fundamentales, aplican a facetas cotidianas del quehacer boricua. Esperamos que nuestros relatos sacien parte de la curiosidad innata del lector, e inspiren preguntas a ser contestadas por futuras generaciones de científicos puertorriqueños.

¿Qué es Ciencia Puerto Rico?

● *Ciencia Boricua!* es una iniciativa de la organización Ciencia
Puerto Rico (www.cienciapr.org), una comunidad compro-
metida con las ciencias y Puerto Rico, y que contribuye
a la educación científica de las próximas generaciones de
puertorriqueños.

CienciaPR.org es una comunidad que agrupa a científicos,
estudiantes y profesionales interesados en las ciencias y Puerto Rico. La idea fue concebida inicialmente por el Dr. Daniel
A. Colón Ramos en 2005, y creada, diseñada y codificada por
el programador David Craig en 2006, en respuesta a la falta de
una entidad que uniera a los científicos puertorriqueños y a
todos aquellos interesados en las ciencias y Puerto Rico.

Tal como la comunidad científica global es interdisciplinaria y colaborativa, CienciaPR es un grupo internacional
de científicos interesados en promover el desarrollo de la
educación y la investigación científica en Puerto Rico. Los
miembros de nuestra organización son investigadores y educadores expertos que están genuinamente interesados en
el adiestramiento de científicos y en promover el desarrollo
de la investigación innovadora en los centros docentes del
archipiélago de Puerto Rico.

El portal de CienciaPR ofrece una infraestructura que permite la colaboración, promoción y el intercambio de ideas y
oportunidades de investigación entre personas de diferentes
trasfondos profesionales y localizaciones geográficas. El registro en el portal es gratuito y permite acceso al directorio

de miembros de CienciaPR, boletines mensuales, noticias científicas, panel de foros, banco de recursos y calendario de eventos.

En sólo cinco años, CienciaPR se ha convertido en una comunidad de casi 5,000 miembros provenientes de Puerto Rico, Estados Unidos y otras partes del mundo. Hoy por hoy, CienciaPR es la red más extensa de información y recursos para aquellos interesados en Puerto Rico y las ciencias.

Uno de los principales propósitos de CienciaPR es hacer disponible una plataforma que fomente la creación de colaboraciones y nuevas iniciativas enfocadas en la investigación y la innovación. Los miembros de CienciaPR pueden compartir información sobre su posición, intereses científicos, institución de trabajo y proyectos, por medio del directorio de perfiles. Hiperenlaces sobre la información profesional en el perfil y la función de búsqueda permiten encontrar usuarios con intereses específicos o experiencias profesionales determinadas. Esto facilita la búsqueda de colaboradores, estudiantes, y mentores, y esperamos que ayude a catalizar la creación de nuevas iniciativas.

Otro propósito de CienciaPR es destacar el trabajo de los científicos puertorriqueños. A través de los años, CienciaPR ha informado al público sobre los logros y la labor de científicos, estudiantes graduados, profesores, líderes de industria y empresarios, en y fuera de Puerto Rico. Algunos ejemplos destacados en nuestra página principal incluyen el Dr. Gualberto Ruaño, quien ayuda a promover el desarrollo de medicinas personalizadas por medio de su compañía Genomas; el Dr. Enectalí Figueroa-Feliciano, profesor en MIT (Massachusetts Institute of Technology) quien estudia la materia oscura en el universo y que también es miembro de la NASA (National Aeronautics and Space Administration); y el Dr. Carlos Ríos Velázquez, profesor de la Universidad de Puerto Rico, Recinto de Mayagüez, cuyo laboratorio estudia los genomas de las poblaciones de microorganismos que viven en los suelos de los bosques boricuas.

Ciencia Puerto Rico también se destaca como un férreo defensor y portavoz de la educación científica. Nuestra meta es que los puertorriqueños, sobre todo los jóvenes, aumenten su alfabetismo científico mediante la lectura de noticias y artículos científicos escritos en un lenguaje sencillo y cotidiano. A lo largo de los años, hemos establecido acuerdos de colaboración con varios medios de comunicación, tales como *El Nuevo Día, Diálogo Digital, Radio Casa Pueblo, Radio Universidad de Puerto Rico, Radio Oro y Radio Prócer,* para pasar la voz e informarle a Puerto Rico sobre la ciencia que nos afecta como pueblo.

Nuestro más reciente esfuerzo, el libro *¡Ciencia Boricua!* que tienes en tus manos, ha permitido que los miembros de CienciaPR pongan su granito de arena en la educación científica mediante la redacción de ensayos creativos o humorísticos, ya sean de ficción o no-ficción, que describan, analicen o expliquen la ciencia que vemos día a día en Puerto Rico.

Te invitamos a que dejes picar tu curiosidad por los interesantes relatos que aquí incluimos y a que te unas a la comunidad de Ciencia Puerto Rico visitando www.cienciapr. org. Además de nuestra página principal, CienciaPR también está en las páginas sociales de Facebook (www.facebook.com/cienciapr) y Twitter (www.twitter.com/cienciapr).

Ciencia Puerto Rico
contact@cienciapr.org

Daniel A. Colón Ramos, Director y Fundador, CienciaPR
daniel.colon-ramos@yale.edu

Mónica I. Feliú Mójer, Co-directora y Editora de Noticias, CienciaPR
moefeliu@cienciapr.org

Wilson González Espada, Educación Científica y Comunicaciones, CienciaPR
w.gonzalez-espada@moreheadstate.edu

Colaboradores

 Dra. Lilliam Casillas Martínez, oriunda de Humacao, es Catedrática en la Universidad de Puerto Rico, Recinto de Humacao. Sus intereses académicos son la microbiología, particularmente el área de geomicrobiología. lcasillasm@gmail.com.

 Dr. Daniel A. Colón Ramos, oriundo de Barranquitas y Guaynabo, es Catedrático Auxiliar en el Programa de Neurobiología y el Departamento de Biología Celular de la Escuela de Medicina de la Universidad de Yale, New Haven, Connecticut. Sus intereses académicos son el desarrollo de circuitos nerviosos en el cerebro. daniel.colon-ramos@yale.edu.

 Dra. Uriyoán Colón Ramos, oriunda de Barranquitas y Guaynabo, es Catedrática Auxiliar Visitante en el Departamento de Salud Mundial de la Universidad de George Washington en Washinton, D.C. Sus intereses académicos son los aspectos socioculturales de la nutrición, los factores de riesgo para las enfermedades cardiovasculares y las políticas de nutrición. uriyoan@gmail.com.

Dr. Wilfredo E. De Jesús Monge, oriundo de San Juan, es Asociado de Investigación Postdoctoral en la Escuela de Medicina de la Universidad de Massachusetts en Worcester, Massachusetts. Sus intereses académicos son la biología del cáncer colorrectal y de páncreas, la investigación clínica y la bioética. wilmedresearch@yahoo.com.

Dr. Samuel Luis Díaz Muñoz, oriundo de Río Piedras, es investigador postdoctoral en la Sección de Ecología, Comportamiento y Evolución en la Universidad de California, San Diego. Sus intereses académicos son la evolución, la ecología y el comportamiento. sdiazmunoz@ucsd.edu.

Dra. Mónica I. Feliú Mójer, oriunda de Vega Alta, es estudiante graduada en la Escuela de Medi-cina de la Universidad de Harvard, en Boston, Massachusetts. Sus intereses académicos son los mecanismos moleculares de transmisión sináptica, la biología celular de las neuronas y la neurobiología de adicción. moefeliu@cienciapr.org.

Dra. Yaihara Fortis Santiago, oriunda de Orocovis, es estudiante graduada en Brandeis University en Waltham, Massachusetts. Sus intereses académicos son la neurociencia, la neuropsicología y la interrelación memoria-aprendizaje en el comportamiento animal. yfortis@brandeis.edu.

Dr. José E. García Arrarás, oriundo de Mayagüez, es Catedrático en el Departamento de Biología de la Universidad de Puerto Rico, Recinto de Río Piedras. Sus intereses académicos son en el estudio de la regeneración de tejidos y órganos, y la neuroanatomía de los equinodermos. jegarcia@hpcf.upr.edu.

Dr. Wilson J. González Espada, oriundo de Caguas, es Catedrático Asociado de Ciencias en el Departamento de Ciencias Terrestres y Espaciales en Morehead State University, Kentucky. Sus intereses académicos incluyen la educación científica, la didáctica de las ciencias físicas y el periodismo científico. w.gonzalez-espada@moreheadstate.edu.

Dr. Daniel A. Laó Dávila, oriundo de San Juan, es Catedrático Auxiliar en la Escuela de Geología Boone Pickens de Oklahoma State University. Sus intereses académicos son la geología de Puerto Rico, las placas tectónicas y geología estructural. daniel.lao_davila@okstate.edu

Dr. Pablo A. Llerandi Román, oriundo de Arecibo, es Catedrático Auxiliar en el Departamento de Geología y Programa de Ciencias Integradas en Grand Valley State University en Allendale, Michigan. Sus intereses académicos son la enseñanza y aprendizaje de las geociencias, el desarrollo curricular y aprendizaje efectivo durante experiencias de campo y la geología-geomorfología de Puerto Rico y otras áreas del Caribe. llerandp@gvsu.edu.

Dra. Carmen S. Maldonado Vlaar, oriunda de San Juan, Puerto Rico, es Catedrática en el Departamento de Biología de la Universidad de Puerto Rico, Recinto de Río Piedras. Sus intereses académicos e investigativos se enfocan en las bases neurobiológicas de la conducta y la neuropsicofarmacología de la adicción a drogas. csmaldonado.upr@gmail.com.

Dr. Ángel M. Nieves Rivera, oriundo de Bayamón, cuenta con un doctorado en Ciencias Marinas de la Universidad de Puerto Rico en Mayagüez, y es estudiante de maestría e investigador en el Centro de Estudios Avanzados de Puerto Rico y el Caribe en el Viejo San Juan. Sus intereses académicos son la oceanografía, la etnomicología, la arqueología, la bioespeleología y la paleontología. anievesster@gmail.com.

Dr. Wilfredo Ortiz, oriundo de Ponce, es analista en una firma de consultoría para la industria farmacéutica localizada en Nueva Jersey. Sus intereses académicos son la nanotecnología, la biotecnología y las investigaciones clínicas en distintas áreas terapéuticas. wilfredo_ortiz@yahoo.com.

Dra. Johanna Padró Irizarry, oriunda de Arecibo, es Catedrática Auxiliar en el Departamento de Sociología y Antropología de la Universidad de Puerto Rico, Recinto de Río Piedras. Sus intereses académicos son la evolución humana, la geoarqueología y la zooarqueología. padiri@hotmail.com.

Dr. Carlos Ríos Velázquez, oriundo de la Playa de Ponce, es Catedrático Asociado en el Departamento de Biología de la Universidad de Puerto Rico, Recinto de Mayagüez. Sus intereses académicos son la biotecnología microbiana, bioprospectos y genómica funcional. Carlos.rios5@upr.edu.

Dr. Juan José Rivera, oriundo de San Juan, es cardiólogo en la práctica privada y Catedrático Asociado en el Departamento de Cardiología de la Universidad Johns Hopkins (Baltimore, Maryland) y la Universidad de Miami, Florida. Sus intereses académicos son la cardiología preventiva y la epidemiología cardiovascular. juanchi07@gmail.com.

Dr. Peter J. Rosado, oriundo de San Germán, es catedrático auxiliar en la Universidad Estatal y Colegio de Georgia. Sus intereses académicos son los biomateriales, los compuestos organometálicos y la química sostenible. peter.rosadoflores@gcsu.edu.

Dr. Jorge A. Santiago Blay, oriundo de San Juan, es investigador asociado en el Departamento de Paleobiología del Museo Nacional de Historia Natural en Washington, Distrito de Columbia. Sus intereses académicos son la paleobiología, la entomología y la botánica. blayjorge@gmail.com.

Dra. Verónica A. Segarra, oriunda de Carolina, es investigadora postdoctoral en el Departa-mento de Farmacología Celular y Molecular, Escuela de Medicina Miller, Universidad de Miami, Miami, Florida. Sus intereses acadé-micos son el tráfico intracelular de vesículas y membranas, la autofagia, y la genética y biología celular de la levadura *Saccharomyces cerevisiae*. v.segarra@umiami.edu

Sr. Osvaldo Torres Santiago, oriundo de Ma-yagüez, es escritor, poeta y maestro de espa-ñol retirado. Sus intereses académicos son la publicación de libros. Letrasdeamerica@ hotmail.com

Sr. Alexis Valentín Vargas, oriundo de Aguadi-lla, es estudiante doctoral en microbiología ambiental en la Universidad de Arizona en Tucson, Arizona. Sus intereses académicos son la ecología microbiana y molecular, la biotecnología ambiental y la biodiversidad. valentin.alexis@gmail.com

Dr. Irving E. Vega, oriundo de Yauco, es Catedrático Asociado de Medicina Molecular y Ciencia Traslacional en la Universidad del Estado de Michigan. Sus intereses académicos son la neurobiología, las enfermedades neurodegenerativas y la proteómica. irvingvega@gmail.com

Parte I

Puerto Rico: edén para las ciencias

El archipiélago borincano, a pesar de ser pequeño en tamaño, alberga gran riqueza natural que ha inspirado un sinnúmero de investigaciones científicas. En esta sección leerás ensayos sobre investigaciones científicas enfocadas hacia el entendimiento del entorno natural de Puerto Rico. Aprenderás cómo nuestros científicos han descubierto que Puerto Rico realmente nació en el Océano Pacífico; que en Puerto Rico existieron osos perezosos gigantes; y que tenemos una biodiversidad impresionante y única. También encontrarás ensayos que discuten el potencial de las ciencias en el desarrollo económico de Puerto Rico, y qué hace falta para explotar ese gran potencial. Los ensayos que publicamos a continuación ilustran la importancia de las ciencias para entender nuestra historia, tanto geológica como antropológica; entender la rica, pero frágil biodiversidad que nos toca proteger; y para entender el potencial de Puerto Rico en convertirse en un país protagónico en la investigación y desarrollo científico a nivel mundial.

PUERTO RICO... ¿LA PUNTA DE UN VOLCÁN?

Pablo A. Llerandi Román

Miré por encima de los edificios del pueblo hasta ver las montañas al sur de Arecibo. ¡Ajá, allí está el volcán! –dije. Estaba curioso porque iba a visitar a mis abuelos en San Sebastián. Sabía que ese pueblo estaba cerca del centro de la isla, y por ende, de las montañas más altas de Puerto Rico. La gente en la calle y en la escuela decía que esas montañas eran la punta de un volcán que formó a Puerto Rico.

Mientras viajábamos hacia el pueblo del Pepino me imaginaba el volcán haciendo erupción, la tierra temblando y siendo tragado por aquellos sumideros profundos bordeados de piedras grandes y amarillas. La gente decía que en los sumideros el agua desaparecía y la tierra se tragaba a las vacas. Y si se tragaba a las vacas, pensaba, ¡se podía tragar a la gente! Al llegar a casa de mis abuelos pregunté si podía jugar afuera. Quería encontrar el cráter misterioso y profundo de aquel volcán que salió del mar para formar a Puerto Rico. Pero a pesar de mi exaltación, en mis cinco o seis años de vida, nunca había visto un volcán en el centro de la Isla. Aunque era un niño escéptico, estaba preocupado. Gente con autoridad me había dicho que había un volcán... yo tenía que investigarlo.

Hoy continúo escuchando relatos similares contados por muchas personas en Puerto Rico. Si conociéramos el origen

27

de estos relatos quizás podríamos hacer un mejor trabajo al enseñar y aprender ciencias. Sin embargo, aprender sobre la geología de Puerto Rico puede ser frustrante. La información está dispersa en revistas científicas de distribución limitada y lenguaje técnico. Por esta razón, y apoyado en las investigaciones realizadas en la Isla por los últimos 50 años, decidí resumir brevemente la historia geológica de Puerto Rico. Con este resumen emprenderemos un viaje histórico en búsqueda de nuestro origen geológico, para así entender mejor nuestro territorio.

A principios del período Jurásico, hace 195 millones de años, fósiles de organismos marinos llamados radiolarios se acumularon y compactaron en el lecho del Océano Pacífico formando una roca llamada pedernal. Esta es la roca más antigua de Puerto Rico y de toda la Placa del Caribe. Se encuentra en Sierra Bermeja, entre Cabo Rojo y Lajas, y está relacionada con una roca metamórfica verdosa llamada serpentinita. Los movimientos de las placas tectónicas de aquel entonces desplazaron el pedernal y otras rocas de la corteza oceánica hacia la parte este del Pacífico, formando la Placa del Caribe en el espacio que existía entre América del Norte y del Sur. Hoy, Puerto Rico es parte de la Placa del Caribe, y aunque no se originó por la erupción de un volcán como dice la gente, gran parte de su territorio, incluyendo Vieques y Culebra, contiene evidencia de volcanismo.

Los volcanes estuvieron activos en Puerto Rico por unos 80 millones de años (entre 120 y 40 millones de años atrás). Las erupciones ocurrieron en varias islas volcánicas que luego se unieron para formar al Puerto Rico que conocemos hoy. La evidencia directa más antigua de volcanismo se encuentra en la región de Coamo, Salinas, Cayey, Barranquitas y Orocovis. Allí existen rocas ígneas formadas por la solidificación de la lava y ceniza producida por volcanes submarinos y terrestres. Lugares como Utuado, San Lorenzo, Morovis, Ciales y Vieques tienen rocas que se formaron al enfriarse y solidificarse el

Las rocas calizas cubren una tercera parte de Puerto Rico. El agua ha ido esculpiendo estas rocas hasta formar uno de los paisajes más impresionantes del planeta, el carso puertorriqueño. Foto de las Cuevas de Camuy, cortesía de Jerry Pan y Helen Weng.

magma acumulado bajo la superficie terrestre. La erosión, transportación y deposición de sedimentos volcánicos propició la formación de rocas sedimentarias alrededor de las islas volcánicas. Los ricos y variados ecosistemas marinos que bordeaban las islas han quedado grabados en las rocas calizas del interior de Puerto Rico.

Las fuerzas tectónicas también han jugado un papel importante en la historia geológica puertorriqueña. Por ejemplo, en la época del Eoceno, hace 50 millones de años, la Placa del Caribe chocó con la región de las Bahamas causando una serie de fallas y resultando en una deformación que produjo, entre otras cosas, rocas dobladas sinuosamente como un acordeón. Estas rocas se extienden en una franja montañosa que va desde Isla Desecheo, pasando por Rincón, hasta el área de Coamo y Salinas. Las montañas se observan imponentemente al norte del Valle de Añasco y algunos de sus pliegues más espectaculares se encuentran en la carretera del Embalse Cerrillos en Ponce.

En las épocas geológicas subsiguientes, Oligoceno, Mioceno y Plioceno (entre 34 y 5 millones de años atrás) se depositó un gran volumen de material calcáreo en ambientes marinos costeros. Las rocas resultantes son mayormente rocas calizas compuestas de fragmentos de fósiles marinos, incluyendo uno que otro mamífero marino, y sedimentos compuestos de pedazos de rocas y minerales transportados por ríos desde el interior de Puerto Rico. Estas rocas calizas cubren una tercera parte de Puerto Rico y se localizan en franjas al norte y sur de la isla principal, en Isla de Mona y al sur y este de Vieques. Luego de formarse, las rocas calizas fueron disueltas lentamente por agua superficial y subterránea levemente ácida. Este proceso ha ido esculpiendo uno de los paisajes más impresionantes del planeta, el carso puertorriqueño. El carso tiene una topografía única de redes inmensas de cavernas, sumideros, mogotes y zanjones. La zona más grande y espectacular es conocida como el Carso Norteño, extendiéndose desde Aguada hasta Carolina por la costa, y hasta San Sebastián y Lares en el sur. El Carso Norteño es un área de gran valor que merece toda nuestra atención y conocimiento para poder conservarla. Sistemas de cavernas, como el de los ríos Camuy y Encantado, algunos de los acuíferos más importantes del Caribe, y proyectos como el de la liberación de la cotorra puertorriqueña se encuentran en esta zona.

Una reflexión sobre la historia geológica de Puerto Rico y los procesos terrestres activos indica que la constante en nuestro planeta es el cambio. Ese pensamiento se puede aplicar a nuestra sociedad de manera positiva. Con acciones dirigidas a mejorar el conocimiento científico y cultural relacionado con nuestro entorno lograremos que las personas aprecien, respeten y manejen nuestros recursos efectivamente para bien de nuestra generación y generaciones futuras.

¿DE DÓNDE VINIERON LOS PUERTORRIQUEÑOS?

Samuel L. Díaz Muñoz

Desde pequeños nos han enseñado que los puertorriqueños somos una fusión de tres grupos distintos: taíno, africano y español. Sabemos, por estudios históricos, arqueológicos, sociales y culturales, que estos y otros grupos contribuyeron a nuestra identidad como pueblo. La biología evolutiva puede darnos otra pista respecto al origen de los puertorriqueños. Una posible respuesta es que los taínos fueron los primeros puertorriqueños. De hecho, ellos probablemente fueron los primeros residentes de nuestras islas y definitivamente fueron los primeros borincanos. Pero esta es la primera pista del rompecabezas. ¿De dónde vinieron los otros? Para entender cómo la biología evolutiva puede ayudarnos a explicar nuestra procedencia, déjame hacer un paréntesis. Nuestro material genético, el ácido desoxirribonucleico (ADN), es como un alfabeto de sólo cuatro letras. Ahí están todas las instrucciones de cómo hacer un ser humano. Pero, a veces, esas letras cambian, lo cual se conoce como una mutación. Las mutaciones pueden ser muy malas, pero hay muchas mutaciones que ocurren sin efecto alguno y se siguen pasando de generación en generación. A veces, algunas de estas mutaciones que ocurrieron hace miles de años quedan compartidas entre un grupo de personas que viven en, digamos, el oeste de Europa. Los científicos nos podemos aprovechar de ese tipo de mutaciones y utilizarlas como un marcador para entender cómo personas de distintos grupos se han desplazado en tiempos recientes, como el período que nos interesa, alrededor de hace 300-500 años atrás. Pero hay una peculiaridad del ADN que nos da otra pista. Hay algunas regiones de nuestro genoma que sólo se heredan de parte de la madre. Hay otras regiones del genoma que sólo se pasan entre padres e hijos, o sea, sólo entre varones.

Tuve la oportunidad de trabajar con un profesor de la Universidad de Puerto Rico en Mayagüez, el Dr. Juan Carlos Martínez Cruzado, en un proyecto que utilizó estos marcadores para ayudarnos a entender quiénes llegaron a Puerto Rico y cómo contribuyeron a nuestro acervo genético. El doctor Martínez Cruzado le tomó muestras a muchos boricuas que fueron voluntarios en el estudio y examinó en su laboratorio los marcadores del tipo que mencioné anteriormente. Martínez Cruzado descubrió que, por la vía materna, la mayoría de los puertorriqueños (más de 60%), tenía el marcador correspondiente a grupos indígenas (probablemente taíno). Otra porción de los puertorriqueños tenía el marcador materno correspondiente a grupos que vinieron de África (al sur del Sahara) y una minoría tenía el marcador materno europeo.

¿Qué significa esto? Básicamente, que la mayoría de los puertorriqueños, en algún momento, tuvimos una tatara-tatara-tatara-ultra-tatara abuela que fue indígena. Lo interesante es que cuando el Dr. Martínez Cruzado examinó los marcadores paternos ¡encontró lo opuesto! La mayoría de nuestros ultra-tatara abuelos son europeos (probablemente españoles), algunos de África y la minoría taínos. Ojo, esto no significa que los puertorriqueños de hoy en día tengamos un 60% de nuestro ADN taíno. Ni siquiera tenemos 10% taíno, africano o europeo. Ha habido muchos movimientos y migraciones y, como la gran mayoría de las personas, ahora somos una mezcla de muchos grupos.

Lo que esta investigación sí nos ofrece es más información acerca de los humanos que llegaron a nuestra Isla, se quedaron y tuvieron hijos e hijas. Es otra línea de evidencia que tenemos para entender mejor nuestro origen como pueblo. Cada uno de los grupos que llegaron a Puerto Rico nos dejaron algo importante: hamaca, conga y guitarra, yuca, sofrito, y frituras. Con estos elementos hicimos una mezcla que es 100% puertorriqueña. Pero si tenemos curiosidad de dónde vinieron nuestros antepasados, podemos mirar lo que dejaron escrito en nuestros genes.

SIERRA BERMEJA:
TESTIMONIO DE HISTORIA BORICUA

Daniel A. Laó Dávila

Sierra Bermeja es una cordillera localizada al sur del Valle de Lajas que ocupa parte de los municipios de Cabo Rojo y Lajas. Aunque esa región es más conocida por rumores de ovnis, presencia de monos, la base del aerostato, rodeos y cosechas de orégano, pocos saben que sus rocas guardan información científica valiosa. Y es que en Sierra Bermeja se encuentran las rocas más antiguas de Puerto Rico y unas de las más antiguas de la región del Caribe. La información recopilada de Sierra Bermeja nos relata una historia geológica que comienza hace aproximadamente 195 millones de años y sugiere que hubo una colisión entre las placas tectónicas del Caribe y Norteamérica.

Las rocas de Sierra Bermeja consisten en una mezcla de rocas formadas por sedimentos (rocas sedimentarias), rocas formadas de magma y lava (rocas ígneas), y rocas alteradas por altas temperaturas, presiones y fluidos (rocas metamórficas). Estas rocas se formaron en la corteza oceánica, una capa de rocas de aproximadamente 5 kilómetros de espesor que se encuentra debajo del fondo oceánico; y en el manto, capa de rocas que se encuentra debajo de la corteza oceánica.

Entre las rocas sedimentarias se encuentra el pedernal, una roca rojiza muy dura compuesta por sílice y que se forma a grandes profundidades submarinas. Es por el color rojizo del pedernal y sus derivados de donde proviene el nombre de Sierra Bermeja y, posiblemente, del municipio de Cabo Rojo. El profesor Johannes Schellekens, del Departamento de Geología en la Universidad de Puerto Rico, Recinto Universitario de Mayagüez, y su equipo de trabajo, encontraron fósiles microscópicos de aproximadamente 195 millones de años en los pedernales de Sierra Bermeja. Estos fósiles pertenecieron a un grupo de organismos proveniente de la región donde ahora se encuentra el Océano Pacífico. Esto indica que las rocas más antiguas de Puerto Rico se formaron en el ámbito del Océano Pacífico y no en el Mar Caribe.

La disparidad entre el lugar de origen de estas rocas y su actual localización se puede explicar con los movimientos de las placas tectónicas. La capa exterior de la Tierra está dividida en placas rígidas que se mueven a velocidades diferentes entre sí. Las rocas de Sierra Bermeja nos indican que la Placa del Caribe (donde está Puerto Rico) se formó al oeste de la Placa de Norteamérica. Por lo tanto, las rocas de la Sierra, junto a las demás rocas de la Placa del Caribe en aquel entonces, se han desplazado lentamente hacia el este en relación con la Placa de Norteamérica. Este movimiento ha ocurrido desde la formación de la Placa del Caribe hasta el presente. La presencia de rocas metamórficas y rocas formadas en el manto, que ahora se encuentran en la superficie, ha llevado a los geólogos a pensar que una colisión entre la Placa del Caribe y la Placa de Norteamérica ocurrió aproximadamente hace 100 millones de años. Esa colisión creó los cimientos de Puerto Rico y de las demás Antillas Mayores.

Además de tener un valor geológico, Sierra Bermeja tiene otras riquezas importantes para nuestro patrimonio nacional. Allí habitan varias especies de aves y plantas en peligro de extinción. También se han encontrado yacimientos indígenas

35

donde algunas de las herramientas halladas están hechas de pedernal. Por estos atributos de nuestra historia natural y cultural, debemos festejar lo que nos brinda Sierra Bermeja y conservar el área para el disfrute de futuras generaciones.

¿POR QUÉ NO HAY OSOS EN PUERTO RICO?

Samuel L. Díaz Muñoz

Cuando era chiquito me pasaba viendo programas de naturaleza en la televisión. Siempre había estos mamíferos grandes, como los osos y los leones. Y siempre tenía la pregunta: ¿por qué en Puerto Rico no hay mamíferos grandes? Cuando fui a la universidad tuve la oportunidad de coger una clase de biogeografía. En esa clase aprendí muchas cosas, entre ellas la respuesta a mi pregunta. Siempre pensé que la respuesta era que vivimos en una isla pequeña. En mi clase aprendí una teoría que dice que, mientras más pequeña es el área de la isla, menos especies hay. ¡Ajá! Lo sabía. La Isla es pequeña y tiene pocas especies y por esto es menos probable que tengamos osos y leones.

Resulta que eso es sólo parte de la historia. Para mi mayúscula sorpresa, descubrí que aunque en Puerto Rico nunca ha habido osos, nuestra Isla sí tenía perezosos gigantescos, roedores del tamaño de un perro y una variedad de mamíferos enormes. Y esto no termina aquí: en Cuba, La Española y Jamaica sí había osos, monos y un montón de roedores.

Hay muchas otras razones que explican el número de especies en una isla. Por ejemplo, nuestra posición en el Caribe es un punto estratégico para la migración de aves, y por eso tenemos gran diversidad de aves. Otro ejemplo:

en la República Dominicana tienen una montaña bien alta, lo que crea una mayor diversidad de hábitats en los cuales más especies pueden vivir.

Y entonces, ¿por qué ninguno de los mamíferos grandes está aquí? Pues eso sí está relacionado con el tamaño de nuestra Isla. Cuando los primeros indígenas llegaron había muchos frutos y mucha tierra fértil. Pero aparte de los mariscos en la costa, no había otra forma de conseguir carne. Lo más probable es que los mamíferos grandes fueron cazados. Cuando llegaron los españoles, este procedimiento siguió; como la Isla es pequeña, no había muchos sitios para las poblaciones sobrevivir lejos de sus cazadores, y se fueron extinguiendo en Puerto Rico.

Curiosamente, el tamaño pequeño de nuestro terruño también facilita el que se establezcan nuevas especies en su ámbito. Un compañero científico de Panamá, donde yo estudio monos, me preguntó si en Puerto Rico había monos. Pues la respuesta hace un tiempo era no, pero ahora sí tenemos monos que han sido introducidos y ahora son una especie invasiva. Antes teníamos una iguana nativa, similar a la que aún existe en la Isla de Mona, pero ahora tenemos muchas iguanas introducidas desde Panamá y Centro América. El pequeño tamaño de nuestro archipiélago hace que sea fácil traer nuevas especies y que éstas prosperen, porque muchas veces no tienen depredadores que se las coman, ni competidores por alimento. Por esta razón las especies invasivas se reproducen a niveles mucho más altos que en su hábitat natural, afectando las especies nativas.

A pesar de que los mamíferos grandes terrestres ya no están con nosotros, hay varios mamíferos nativos que aún siguen aquí. Un mamífero nativo que todavía nos queda es el murciélago. Hay una gran diversidad de murciélagos en nuestra Isla, y estos son dispersores de semillas y polinizadores de plantas, entre muchas otras cosas. A pesar de su reputación vampiresca, muchos de estos mamíferos comen frutos y néctar, y

Foto de manatíes en Puerto Rico. El manatí es uno de los mamíferos residentes de mayor tamaño de nuestro archipiélago, y se encuentra en peligro de extinción. Foto tomada por Gaylen Rathburn y cortesía del USFWS Digital Library.

de esta manera mantienen nuestras áreas verdes y bosques. Otros son carnívoros, pero comen mayormente insectos.

En el mundo marino de nuestra Isla todavía hay delfines, ballenas y el grandullón vegetariano, el manatí. Desgraciadamente, estamos en peligro de perder los manatíes de nuestras aguas costeras, no porque los estamos utilizando para comida, sino porque los botes los atropellan o aquéllos se comen la basura que no ponemos en su sitio.

Una de las maravillas de Borinquen es que, pese a su pequeña área geográfica, tiene una increíble y mundialmente reconocida variabilidad y biodiversidad. Debido a nuestro tamaño, tenemos muchas especies que son endémicas, o sea, que sólo se encuentran aquí. Ojalá que podamos conservar los mamíferos y toda la biodiversidad que nos queda para que nosotros y nuestros hijos e hijas puedan verla en vivo, no sólo en la televisión.

EL ESLABÓN PERDIDO DE LAS BIOCIENCIAS BORICUAS

Mónica I. Feliú Mójer y Daniel A. Colón Ramos

En los pasados años se ha escuchado mucho sobre las biociencias y la economía del conocimiento. Pero, ¿qué realmente significa esto para Puerto Rico? La Isla es reconocida como uno de los centros con mayor concentración de talento y conocimiento en la manufactura de productos biomédicos. Esa industria genera casi 20,000 empleos directos, 90,000 empleos indirectos, y el 25.7% de nuestro producto interno. Aquí se manufacturan 16 de los 20 fármacos de mayor venta en el mundo y el 50% de los marcapasos y defribiladores utilizados en Estados Unidos. Esto hace de Puerto Rico la quinta región líder en manufactura farmacéutica, sólo superada por Estados Unidos, el Reino Unido, Japón y Francia.

Puerto Rico es uno de los líderes mundiales de la manufactura en la industria de las biociencias, y este sector es clave para la economía borincana. Sin embargo, el sector de la manufactura es sólo un pequeño eslabón dentro de la industria de las biociencias. A grandes rasgos, esta industria se divide en tres componentes: la etapa inicial de descubrimiento llamada Investigación y Desarrollo (I&D), la manufactura, y finalmente la distribución y mercadeo. Puerto Rico sólo domina el eslabón del medio de esta industria.

La industria de las biociencias es sumamente competitiva, y nuestra supervivencia depende de que seamos capaces de ascender en su cadena de valor. Y esto sólo podemos lograrlo de manera sustentable atrayendo al archipiélago actividades de I&D.

Antes de llegar al público, los productos biomédicos pasan por un largo proceso de I&D. La etapa de I&D es un proceso creativo, cuyo producto principal son ideas y conocimientos, conocidos en la jerga legal como "propiedad intelectual". Estas ideas y los nuevos conocimientos a veces dan paso a nuevas tecnologías y descubrimientos que, una vez comercializados, pasan a una fase de producción en masa o manufactura. En Puerto Rico se ha desarrollado la industria de la manufactura sin que haya despuntado aún la parte más creativa de la industria de las biociencias: el sector de I&D.

El área de la manufactura, tan importante para la economía borincana, depende en su totalidad y se nutre de los descubrimientos que surgen en el sector de I&D. Por lo tanto, la manufactura está, para bien o para mal, a merced del potencial creativo que surge en la I&D. Esto se refleja particularmente en los cierres de algunas industrias farmacéuticas en el País que, una vez expiran las patentes importantes, limitan sus operaciones de manufactura en el archipiélago.

Para retener dichas industrias y beneficiarse plenamente del crecimiento en las biociencias, los expertos coinciden en que Puerto Rico necesita capitalizar su posición privilegiada en la manufactura y utilizarla como trampolín para desarrollarse dentro de los otros eslabones en la cadena de valor, en especial I&D. Esto ayudaría a que Puerto Rico independice y expanda su industria de biociencias, basándola en su mejor recurso: la capacidad creativa de su gente.

Además de los beneficios económicos, el desarrollo de I&D beneficiaría al sector académico, ya que facilitaría colaboracio-

41

nes con instituciones del País para expandir y comercializar investigaciones relevantes para las biociencias. Estos descubrimientos redundarían en mejoras a los servicios de salud, resultando en beneficios directos a la sociedad borincana.

¿Es Puerto Rico capaz de competir con otros países para desarrollar esta industria? Todo depende de las decisiones que se tomen en los próximos años. La calidad de las instituciones académicas, la posición geopolítica y el estrecho vínculo con el sector de la manufactura farmacéutica, hacen de Puerto Rico un buen candidato para el desarrollo de I&D. No obstante, para que Puerto Rico pueda competir en este renglón, hace falta una serie de incentivos que lo pongan a la par con los otros países que buscan desarrollar la codiciada industria de I&D.

LA BIOISLA SE ENFRENTA A UNA AGRESIVA COMPETENCIA

Mónica I. Feliú Mójer

Puerto Rico busca convertirse en la bioisla: un líder mundial no sólo en manufactura, sino en la Investigación y Desarrollo (I&D) de nuevos productos y tratamientos. Los expertos coinciden en que dicha estrategia es necesaria para retener la manufactura de servicios farmacéuticos en el archipiélago, y que beneficiaría al sector académico y de servicios de salud en el País. Sin embargo, la competencia para desarrollar dicho sector es rígida.

El archipiélago tiene varios atractivos para atraer I&D. Por ejemplo, tiene una de las mejores tasas de impuestos sobre ingresos corporativos del mundo, y recientemente se han creado una serie de incentivos y exenciones contributivas para atraer industrias emergentes y actividades de I&D. Puerto Rico conoce las leyes corporativas, tanto de Estados Unidos como de Europa, lo cual permite atraer industrias establecidas en ambos lugares. Además, tiene una geografía estratégica, y estrechos vínculos con Latinoamérica, lo cual permitiría establecer colaboraciones científicas y desarrollar productos enfocados en la comunidad latinoamericana. Además, Puerto Rico tiene el capital humano: una fuerza laboral con vasta experiencia y educación en el área de las biociencias.

Países como India, Singapur e Irlanda se perfilan como fuertes competidores para la bioisla. Estas naciones han tomado agresivas iniciativas para desarrollar la biotecnología y adentrarse en la economía del conocimiento. Las actividades de I&D dependen de la innovación y el conocimiento, y requieren un mayor nivel de entrenamiento y destrezas científicas, tecnológicas y gerenciales en su fuerza laboral. Por esto es necesario construir instalaciones con la última tecnología para atraer investigadores competitivos y entrenar a los talentos que realizarán los descubrimientos y serán el motor de la industria. Los diferentes países han concentrado una gran cantidad de recursos en la promoción de nuevos campos de investigación: Singapur tiene una "Biópolis", India construye "Biovalles" e Irlanda ha creado "BioPharma".

Las biociencias generan cientos de miles de millones de dólares en la actualidad; es obvio por qué muchas naciones han entrado a la carrera por establecer economías cimentadas en dicha industria. La participación gubernamental es vital: el Estado tiene que invertir en el financiamiento de proyectos de investigación, y el desarrollo de infraestructura. Recientemente, Irlanda invirtió $1,300 millones en la industria de las biociencias; en un período de 10 años, Singapur invertirá $8,000 millones. Aunque la Isla cuenta con una cantidad considerable de fondos federales para I&D, lo cual nos da una ventaja sobre estos países, la inversión gubernamental es ínfima: en el 2009, el gobierno invirtió 0.49% de su presupuesto en I&D.

Para que esto sea un negocio redondo, el producto del conocimiento y la innovación tiene que comercializarse. La creación y el fortalecimiento de las leyes de propiedad intelectual y patentes son clave para respaldar la conversión de los descubrimientos en productos comerciales. Éste es uno de los puntos más débiles de Puerto Rico; en el 2003, se otorgaron sólo 3 patentes en biotecnología en la Isla.

El Edificio de Ciencias Biomoleculares en Cupey es el primero construido en Puerto Rico dedicado específicamente a actividades de investigación. Foto suministrada por la Vice-presidencia de Ciencia y Tecnología de la Universidad de Puerto Rico.

¿Dónde queda Puerto Rico en esta carrera? A pesar de que Puerto Rico se encuentra rezagado en ciertas áreas, en estos últimos años han surgido varias iniciativas, promovidas por el Gobierno, como parte de una estrategia denominada "Operación Mentes a la Obra"(2006). El propósito común de estas estrategias es insertar al País en la economía del conocimiento y estimular el sector de I&D. Algunas de las iniciativas son el edificio de Ciencias Biomoleculares de la UPR, el Centro de Bioprocesos del RUM, el Centro de Cáncer de la UPR y el Fideicomiso de Ciencia, Tecnología e Investigación de Puerto Rico. Todos estos proyectos tienen miras de ayudar a retener la industria de la manufactura y a impulsar el desarrollo de nuevas tecnologías y productos del patio.

BIBLIOTECAS METAGENÓMICAS:
DESCUBRIENDO Y CONSERVANDO LAS RIQUEZAS MICROBIANAS EN LOS BOSQUES PUERTORRIQUEÑOS

Carlos Ríos Velázquez y Lilliam Casillas Martínez

"Bienvenidos al Bosque Estatal del Caribe: El Yunque, uno de los bosques más diversos y estudiados del mundo. El mismo es un bosque tropical lluvioso que cuenta con cerca de 240 especies de árboles, muchos de ellos únicos del bosque. Además, posee varias especies de murciélagos, coquíes, y es el hábitat natural de la *Amazona vittata,* nuestra cotorra puertorriqueña."

Así nos recibió la persona que nos sirvió de guía en nuestra visita a El Yunque. Caminamos junto a ella por las distintas veredas y, entre los cuentos e historias que la guía nos hacía de "batallas entre lagartijos", la belleza de las bromelias y la manera en que imitaba los sonidos de los coquíes allí presentes, me decía a mí mismo: "Si supiéramos el potencial de los microorganismos del suelo de este bosque para combatir enfermedades, lo protegeríamos, tanto como protegemos a los animales y plantas que podemos ver…"

Nuestra visita a El Yunque no era una excursión de placer; estábamos allí para tomar muestras de suelo y combinadas con las muestras de otros bosques, como el Bosque Seco de Guánica, descubrir los "secretos científicos" presentes en ellas.

Si tomáramos una muestra de suelo y la colocáramos en medios para cultivar los organismos presentes, como bacterias, podríamos obtener y observar millones de microorganismos. Muchos de ellos han servido para la producción de agentes químicos de importancia en la medicina, como antibióticos. Estudios recientes han demostrado que esos millones de microorganismos cultivados, representan menos del 1% de los microorganismos totales presentes en el suelo. El restante 99% presente en el suelo, no puede estudiarse ya que no se han podido cultivar en el laboratorio. Si sólo el 1% de los microorganismos han sido tan importantes para la ciencia y el mundo, ¡imagina cuántas otras nuevas funciones o nuevos microorganismos están presentes en ese otro 99%, esperando por nosotros para ser descubiertos! El único reto es que no lo sabemos aún, porque no los hemos podido hacer crecer o cultivar en el laboratorio.

Para poder tener acceso a ese otro grupo microbiano (ese 99%), los científicos han tenido que desarrollar estrategias de cultivo llamadas independientes, a fin de cultivar estos microorganismos en el laboratorio usando técnicas de ingeniería genética como la clonación. Es así como surge la metagenómica. La metagenómica (meta = más allá, genoma = toda la información genética de un ser vivo), es lo que llamamos una ciencia emergente, una ciencia nueva, reciente, en las que se aíslan todos los genomas de los microorganismos presentes en un ecosistema o en un ambiente y se colocan en bacterias que sí podemos cultivar en el laboratorio. El grupo de bacterias donde "se almacenan" estos fragmentos de genomas son llamados clones. A un grupo de clones de un ambiente se les llama bibliotecas metagenómicas. Es lo mismo que una biblioteca donde se almacenan libros, pero en este caso se almacena información genética, microscópicamente, en una bacteria.

Las bibliotecas metagenómicas son usadas para realizar dos tipos de estudios: de secuencia y funcionales. En los estudios de secuencia podemos saber la diversidad de organismos presente, al conocer la secuencia específica de la información genética en los clones. Es como descifrar el código de identificación. En los estudios funcionales, se hacen pruebas para determinar si ese clon es capaz de hacer o llevar a cabo una nueva función debido a la información del microorganismo que lleva dentro. Por ejemplo, ese clon que antes no podía degradar o romper gasolina, ahora puede romperla porque tiene la información de un microorganismo que es capaz de hacerlo en su medio ambiente natural. Imagina cuán importante podría ser este clon para eliminar un derrame de petróleo en nuestras playas. Esto, gracias a que la metagenómica nos permite ir más allá, y nos permite tener acceso a todos los genomas de los microorganismos en un ambiente: los que podemos y no podemos cultivar.

En nuestra Isla, estudiantes de la Universidad de Puerto Rico en Mayagüez y en Humacao, apoyados por un programa del Departamento de Agricultura de los Estados Unidos (CSREES-USDA, por sus siglas en inglés), han desarrollado bibliotecas metagenómicas del bosque de El Yunque y del Bosque Seco de Guánica y, en estos momentos, están buscando nuevas funciones en las bibliotecas metagenómicas generadas. Por ejemplo, debido al mal uso de los antibióticos, cada día hay más microorganismos que causan enfermedades y que son resistentes a los antibióticos que los médicos nos recetan cuando nos enfermamos. Mucha gente ha muerto debido a esto en todo el mundo. Con las bibliotecas metagenómicas de El Yunque y del Bosque Seco, los estudiantes están buscando nuevos antibióticos. Además, se estudian clones que resistan los antibióticos que son usados actualmente por los médicos, para luego entender por qué ocurre esto y producir así mejores antibióticos. Otros estudios, que se están llevando a cabo con las bibliotecas metagenómicas, incluyen la búsqueda de clones que puedan romper contaminantes y otros que puedan producir nuevos biocombustibles.

El uso de la metagenómica y el desarrollo de estas bibliotecas metagenómicas nos permiten descubrir la diversidad microbiana y las actividades o funciones presentes en nuestros bosques. Estos descubrimientos tienen aplicación potencial en la biotecnología o en las ciencias biomédicas. Además, los estudiantes que aprendan a usar esta nueva tecnología podrán desarrollar equipos de futuros científicos puertorriqueños que entiendan la importancia de la conservación de nuestros recursos naturales y los protejan.

Mientras continúo escuchando a la guía durante el recorrido a través del bosque, no dejo de pensar y soñar que en un futuro cercano, la guía tomará en sus manos un puñado de suelo y les explicará a los visitantes: "En mi mano tengo la cura para el cáncer, para el VIH (virus de inmunodeficiencia humana), tengo nuevos antibióticos, tengo una gran diversidad microbiana que hay que conservar tanto como nuestros coquíes y nuestra cotorra". Todo esto, toda esta nueva y emergente ciencia, está ocurriendo en nuestra Isla y está siendo desarrollada por nuestros profesores, investigadores y estudiantes.

DIME LO QUE COMES Y TE DIRÉ QUÉ MURCIÉLAGO ERES

Wilson J. González Espada

El cine se ha encargado de demonizar a ciertos animales. La gente siente pánico ante los tiburones, a pesar de que la mayoría de las especies no atacan a los humanos. Las tarántulas son grandes e impresionantes en las películas, pero hay gente que hasta las tienen de mascotas. Del mismo modo, los quirópteros o murciélagos tienen fama de chupasangre y emisarios del mal. La realidad es que la gran mayoría de ellos son inofensivos y beneficiosos al medioambiente.

Los murciélagos son parte importante del equilibrio ecológico de Puerto Rico. Por ejemplo, la mayoría de las especies de murciélagos se alimentan de insectos, lo que quiere decir, menos insectos molestando a la gente y afectando a los cultivos. Otros murciélagos se alimentan del néctar de las flores. Al alimentarse, ayudan a la polinización de ciertas especies de plantas. Ciertos murciélagos comen frutas y se encargan de dispersar semillas de un lado a otro al defecar.

Puerto Rico cuenta con trece especies de murciélagos, los cuales representan el único grupo de mamíferos nativos en nuestra Isla. Entender sus hábitos alimenticios, su interacción con el medioambiente, y cómo el crecimiento poblacional y la deforestación los han afectado, es sumamente importante. Sin

Murciélago lengüilargo *Monophyllus redmani*. Foto cortesía de Ángel Soto Centeno.

embargo, no cualquiera tiene el conocimiento, la valentía y el estómago para estudiar a estas criaturas. El científico puertorriqueño Ángelo Soto Centeno, egresado de la Universidad Interamericana, es uno de esos valientes.

Ángelo, junto con Allen Kurta de la Universidad de Eastern Michigan, se dedicó a investigar los hábitos alimenticios del murciélago de las flores (*E. sezekorni*), de mediano tamaño y 18 gramos de peso, y del murciélago lengüilargo (*M. redmani*), un murciélago pequeño que pesa como 8 gramos. Estudios anteriores de la anatomía de estos murciélagos sugerían que se alimentaban de néctar, pero nadie había examinado en detalle si comían otra cosa, si comían néctar exclusivamente y qué tipos de néctar preferían. Como los murciélagos se alimentan de noche y es difícil diferenciar entre las especies

El científico Ángel Soto Centeno haciendo investigación de campo con murciélagos. Foto cortesía de Ángel Soto Centeno.

a la distancia, es casi imposible observar directamente qué comen y cuánta cantidad. Pero esta limitación no impide la tarea de los biólogos; sólo tienen que recurrir a otras técnicas más "creativas."

Desde principios de mayo hasta mediados de agosto, Ángelo y Allen llegaban a la Cueva Culebrones, cerca de Arecibo, y usaban trampas para atrapar a cientos de murciélagos. Luego los ponían en bolsas de tela para recoger sus desechos. Además, les pasaban una gelatina especial por el cuerpo para atrapar el polen que se les adhería al pelaje. Luego de examinar el polen y la caquita de cada especie, los biólogos observaron cuál era la verdadera dieta de los murciélagos y qué diferencias existían entre las preferencias alimenticias de cada especie.

Los biólogos descubrieron que ambas especies de murciélago consumían similar cantidad de insectos, pero no necesariamente del mismo tipo. El murciélago de las flores prefiere los escarabajos, mientras que el murciélago lengüilargo prefiere comer mariposas, polillas, moscas y mosquitos. Se cree que esta diferencia se debe a la forma de la boca y la robustez del cráneo de los murciélagos.

Además, se descubrió que ambos tipos de murciélagos comen frutas, pero el murciélago de las flores come mucha más fruta y mayor variedad, comparado con el murciélago lengüilargo. Por otro lado, se observó que ambos tipos de murciélagos beben néctar, pero el murciélago lengüilargo bebe mucho más néctar, comparado con el murciélago de las flores.

Los resultados del trabajo de Ángelo Soto Centeno y Allen Kurta son consistentes con estudios previos en los cuales se estudió la forma y robustez del cráneo de varias especies de murciélagos y cómo éstas determinan su dieta. Sin embargo, Ángelo y Allen lograron extender significativamente el conocimiento científico de estas dos especies al notar que los murciélagos no se alimentaban de néctar exclusivamente.

Gracias a este interesante estudio, es posible comenzar a estudiar la susceptibilidad de los murciélagos a los efectos humanos (pérdida de hábitat, uso de pesticidas e insecticidas, y deforestación, por mencionar algunos) y a los efectos naturales (huracanes, sequías y calentamiento global, entre otros). Además, el estudio de los murciélagos ayuda a los biólogos a educar al pueblo puertorriqueño sobre su contribución a la agricultura y al control de insectos.

LOS HONGOS COSTEROS DE PUERTO RICO

Ángel M. Nieves Rivera

Los hongos son microorganismos bien importantes, tanto para los seres humanos como para el medio ambiente. Estos se definen como microorganismos que no producen fotosíntesis. El cuerpo de los hongos está compuesto de una masa filamentosa llamada "hifa" y viven en todos los ecosistemas de nuestro planeta.

Los hongos pueden estar formados de una sola célula, como en el caso de las levaduras que se usan para hacer pan, o pueden tener muchas células. Un ejemplo de hongos multicelulares serían los honguitos comúnmente llamados las "sombrillitas" o "setas" y que muchas veces vemos en el campo. Además de las levaduras y otros hongos terrestres, también existen hongos marinos. Según los micólogos, es decir, los especialistas en hongos, hay más de dos mil especies conocidas de hongos marinos solamente.

Existen hongos marinos capaces de vivir de otras especies, ya sea asociados a algas marinas o a animales acuáticos. Estos organismos se concentran en yerbas marinas, caracoles y ostras, madera a la deriva, corales y en muchos otros sustratos. Las comunidades de hongos también aparecen en las aguas salobres, los humedales marinos, los manglares, las salinas, las playas, las dunas y las planicies costeras.

Además de tener una relación estrecha con los ecosistemas marinos, los hongos pueden ayudar a descomponer compuestos tan nocivos como el petróleo y sus derivados. En Puerto Rico, la contaminación de los manglares, estuarios, dunas y playas locales es algo difícil de ignorar, por lo cual el rol de los microorganismos, incluyendo a los hongos de los ambientes costeros, es determinante. Un ejemplo de esta situación es el hallazgo de hongos costeros en el Cayo María Langa (Guayanilla) y Bahía Sucia (Cabo Rojo), que son capaces de metabolizar compuestos tóxicos como el naftaleno y el fenantreno en el agua de mar. Estos lugares han sido previamente impactados por derrames de petróleo.

Los hongos costeros obtenidos de las raíces sumergidas en los mangles son, indudablemente, los hongos marinos más conocidos y de mayor distribución geográfica. Como regla general, la mayoría de los hongos costeros en Puerto Rico tienden a ser hongos microscópicos.

Diferentes grupos de hongos marinos tienen variadas afinidades por sus sustratos, y esta afinidad muchas veces depende de las características físicas del hongo. Hay grupos de hongos que, por ejemplo, a menudo poseen apéndices, accesorios o cubiertas gelatinosas que les ayudan en su anclaje a sus sustratos. Otros grupos de hongos carecen de tales apéndices. Esto podría explicar por qué ciertos tipos de hongos son poco usuales en la zona entre mareas pero tan comunes entre los sedimentos, donde dichos apéndices son innecesarios para anclarse.

Muchos de los estudios recientes sobre los hongos costeros se han dedicado a establecer cuán comunes o raros son estos hongos en las costas de Puerto Rico, puesto que la mayoría de la información sobre estos hongos aparece en revistas científicas especializadas y el público no conoce sobre ellos. Todo indica que todavía faltan por descubrir muchas especies en los ambientes costeros. Una prueba de ello fue el reciente descubrimiento de un microhongo (llamado *Periconia variicolor*) que se ha adaptado a condiciones de extrema salinidad en las conocidas salinas de Cabo Rojo al suroeste de Puerto Rico.

A pesar de lo poco que se conoce sobre los hongos costeros de Puerto Rico, los datos disponibles sugieren que la biodiversidad de los hongos costeros puede ser más compleja de lo que previamente se había sospechado. Hacen falta también estudios genéticos y moleculares que sirvan para definir el origen e interacción de estos hongos con su ambiente costero. En otras palabras, las playas, los estuarios, las dunas de arena y manglares, usualmente desatendidos como habitáculos de los hongos, pueden contener una variedad de especies mucho mayor que la registrada anteriormente. Esta situación llama la atención sobre la importancia de continuar estudiando dichos habitáculos para contribuir a la conservación y conocimiento de la biodiversidad de los hongos costeros de Puerto Rico.

LLEGA A LA ISLA EL AGUA DE LOS GLACIARES

Daniel A. Laó Dávila

El derretimiento de los glaciares continentales es uno de los efectos del aumento de temperatura de la atmósfera. Aunque la pérdida de hielo esté ocurriendo lejos de Puerto Rico, la ausencia de glaciares en la Isla no la exime de los efectos del calentamiento global. Y es que la atmósfera, los océanos, las rocas y la vida son sistemas que están interconectados y que son muy sensibles a cambios entre ellos.

Muchos cambios climáticos han ocurrido a través de la historia de la Tierra. Ejemplos de éstos son las diferentes épocas glaciares, siendo la última hace aproximadamente 12,000 años atrás. Variaciones en la configuración de los continentes, aperturas y cierres de cuencas oceánicas y levantamientos de cadenas montañosas por movimientos en las placas tectónicas han cambiado el clima en el pasado. El clima también se ha afectado por alteraciones leves en la órbita de la Tierra y por cambios en la intensidad del Sol. Pero estos cambios mencionados se han dado en ciclos de millones, cientos de miles y miles de años. El cambio abrupto en el clima de la Tierra en años recientes ha sido ligado a la actividad humana en la Tierra.

El calentamiento global es el aumento en la temperatura promedio de la atmósfera y de los océanos en años recientes, y proyectado al futuro. Los gases de efecto de invernadero, como el dióxido de carbono y el metano, que ocurren naturalmente, atrapan la radiación solar en la atmósfera y hacen que ésta se caliente. Aunque la presencia de estos gases en la atmósfera es normal, su abundancia puede ser perjudicial para el estilo de vida que vivimos.

Los científicos han estudiado este aumento de temperatura en el último siglo y coinciden en que la inyección de grandes cantidades de dióxido de carbono a la atmósfera por parte de la quema de combustibles fósiles en las plantas de carbón, industrias, actividades agrícolas y transporte, desde el año 1800 hasta ahora, ha elevado la temperatura de la atmósfera y, por consecuencia, del océano.

Los efectos del calentamiento global son varios y pueden cambiar la forma en que vivimos. El derretimiento de los glaciares de Groenlandia y la Antártida puede causar que el nivel del mar suba de 0.5 a 2 metros en el próximo siglo. El aumento del nivel del mar erosionaría las playas más rápidamente y aumentaría la salinidad de los acuíferos costeros. Además, aumentarían las inundaciones costeras. Esto representa un peligro para nuestras ciudades y pueblos que se han esparcido hacia las costas y donde aumenta la construcción en ellos.

El aumento en temperatura del océano también crearía más tormentas y huracanes, lo que afectaría nuestra infraestructura. La vida marina también estaría afectada, especialmente los corales que son muy sensitivos a los cambios de temperatura del mar. Los daños a los corales afectarían la pesca y el turismo.

El cambio en temperatura de la atmósfera también afectaría la agricultura, especialmente las cosechas que dependen de temperaturas frescas para sobrevivir, como el café. Además aumentaría la pérdida de humedad del suelo en áreas secas.

Aun así podemos disminuir los efectos del calentamiento global, si empezamos a actuar ahora. Al conservar energía en nuestros hogares, trabajos y transporte, disminuimos las

Un glaciar visto en las costas de la Antártica. El calentamiento global que afecta los glaciares en las costas de los polos terrestres, también afecta las costas boricuas. Foto cortesía de Jane Peterson de la NASA.

emisiones de dióxido de carbono producidas por la quema de combustibles fósiles.

En fin, muchos países han tomado medidas para disminuir las emisiones de gases de invernadero. Puerto Rico no tiene que ser el último que lo haga y aporte al bienestar de nuestra sociedad.

MITOS Y REALIDADES DEL COQUÍ

Wilson J. González Espada

Aunque muchos boricuas se dan golpes de pecho diciendo lo orgullosos que están del coquí, mantienen ciertas ideas erróneas sobre ellos. ¡Parece mentira que en pleno siglo XXI los confunden con un sapo cualquiera!

Primero que todo, los coquíes no son hojas o limones o banderas pipiolas. ¡No son verdes, sino marrones! El propósito del color marrón es para poder esconderse entre las hojas secas o descansar en los troncos sin ser vistos. Si fueran verdes, no podrían camuflarse y se los llevaba Pateco. Así que cada vez que veas un adornito con un chava'o coquí verde, búscate una crayola y píntalo marrón, como debe ser.

En segundo lugar, los deditos de los coquíes y los sapos son muy diferentes. El sapo tiene una telita entre los dedos que los ayuda a nadar. Los coquíes no son muy acuáticos que digamos y, con raras excepciones, tienen los deditos igual que tú, separados. Los coquíes son animalitos terrestres y trepadores. La punta de los dedos termina en un disquito que los ayuda a trepar palos y rocas mejor que el "Hombre araña."

El que te diga que vio un renacuajo de coquí, te está metiendo un paquete. Contrariamente al sapo, que antes de ser sapo adulto es renacuajo, el coquí bebé sale del huevo igualito al adulto, pero más pequeñito. Los científicos llaman a esta

Nuestro coquí común, *Eleutherodactylus coqui*.
Foto de Wilfredo Falcón, Flickr

característica "desarrollo directo". ¿Para qué perder el tiempo nadando como chopas por varios días? Los coquíes nacen listos para brincar, buscar su alimento y explorar la Isla.

Finalmente, debemos solidarizarnos con los coquíes que se encuentran batallando por su vida en Hawái. Hace varias décadas, los coquíes llegaron allá en bromelias y otras plantas ornamentales importadas desde Puerto Rico. Nadie sabe si varios coquíes se acostaron a dormir en las plantas que estaban destinadas para Hawái o se escondieron a propósito, probablemente con una intención aventurera. Una vez en Hawái, los coquíes consumaron su eterno amor y, para hacer la historia corta, ahora mismo hay miles de coquíes por allá, por las sínsoras.

El problema es que cuando los coquíes machos están buscando pareja, no se quedan callados. En vez de susurrar "coquí, coquí" para no molestar al que duerme, gritan a todo galillo ¡¡COQUÍ, COQUÍ!! ¡Usted también gritaría si quiere encontrar a alguien en la oscuridad de la noche! El punto es que, el canto amoroso de miles de coquíes, que en Puerto Rico nos suena rítmico y musical, le molesta a la gente de Hawái, quienes usan cafeína y ácido cítrico para atentar contra éstos. A pesar de haber sufrido tortura y opresión, los coquíes hawaianos se mantienen en pie de lucha. ¡Coquíes unidos jamás serán vencidos!

POLVO AQUÍ Y ALLÁ

Wilson J. González Espada

Uno de mis programas de televisión favoritos es la serie de detectives "Monk". El personaje principal, Adrián Monk, es extraordinariamente inteligente y siempre descubre la identidad del asesino. Sin embargo, Monk es socialmente inepto debido a sus múltiples fobias y su compulsiva obsesión con la limpieza, lo que lo enfrenta a comiquísimas situaciones con el polvo, su peor enemigo. Tristemente, el polvo es una presencia ineludible en nuestro diario vivir, tanto en la Tierra como en otros planetas.

Ya sea con pañito, plumero o aspiradora, pasamos horas tratando de erradicar el polvo de nuestros hogares. Lo que mucha gente no sabe es que parte del polvo casero está hecho de pedacitos de nuestra propia piel. A medida que el cuerpo crea nuevas células de piel, botamos las células muertas, las cuales son el manjar ideal para unos animalitos microscópicos llamados ácaros o *dust mites*.

Los ácaros se encuentran frecuentemente en áreas donde pueden conseguir alimento fácilmente, ya sea en las alfombras (¡por mejor que uno trate de pasar la aspiradora, las alfombras nunca quedan totalmente limpias!) o en las camas, donde por ocho horas la sábana nos roza el cuerpo y ayuda a que las células de piel muerta se acaben de caer.

No importaría mucho que los ácaros se chupen las patas del gusto luego de hartarse de nuestro pellejo. Lo que pasa es que los desechos producidos por la digestión de estos animalitos causan alergias, sobre todo a niños y personas naturalmente sensibles. ¡Y no se diga del chava'o polvo del Sahara! El origen de este molestoso polvo son 3.5 millones de millas cuadradas de desierto en el norte de África. Imagínese casi mil islas iguales a Puerto Rico pero con poca o ninguna vegetación. Sin la cubierta vegetal, el viento levanta toneladas de polvo sin mucho problema. Si usted vive cerca de un terreno donde estén construyendo, sabe exactamente a lo que me refiero. Las partículas de polvo más grandes posteriormente caen en el Océano Atlántico. Las partículas de polvo más pequeñitas pueden mantenerse en el aire por más tiempo, llegando fácilmente al Caribe y al sureste de los Estados Unidos. Ya todos conocemos los efectos del dichoso polvillo: garganta seca, ojos llorosos y ataques de asma a personas sensitivas, entre otros. Se cree que el polvo del Sahara también provoca mortandad en corales de mar, ya sea al cubrirlos o al opacar la luz solar que necesitan para sobrevivir. Incluso, algunos científicos del Servicio de Geología de los Estados Unidos (USGS, por sus siglas en inglés) creen que el polvo del Sahara trae al Caribe peligrosos microorganismos que podrían afectar plantas y animales.

Ya sea el polvo casero o el polvo del Sahara, lo bueno es que podemos actuar para protegernos de sus efectos nocivos y llevar una vida más o menos normal. ¡Imagínese qué pasaría si no fuéramos capaces de limpiar el polvo y éste se acumulara por meses! De modo interesante, ése es exactamente el problema que sufren los científicos de la NASA encargados de la misión de exploración a Marte.

En enero del 2004, y luego de casi siete meses de viaje, los exploradores robóticos "Spirit" y "Opportunity" llegaron a la superficie de Marte. Una misión que originalmente debía du-

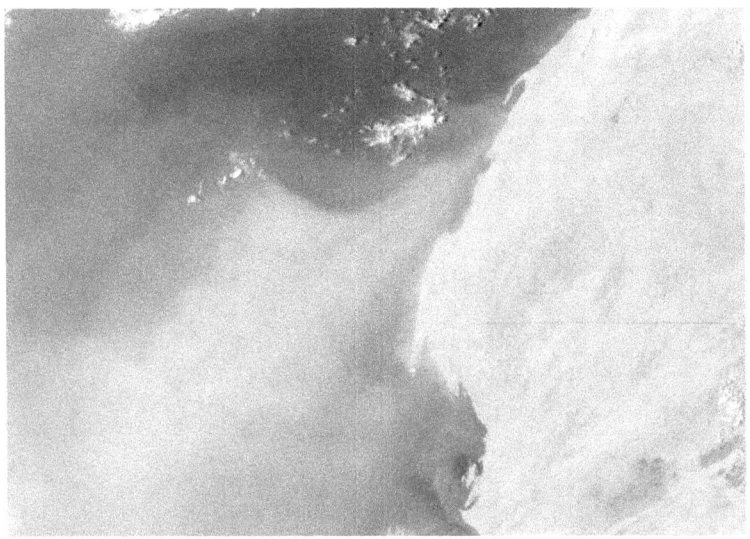

Imagen obtenida vía satélite de las tormentas de polvo del noroeste de África desplazándose hacia el Atlántico en dirección a Puerto Rico. Foto cortesía de la NASA.

rar 90 días se ha extendido por más de seis años debido a la excelente calidad de los robots, los cuales han hecho grandes descubrimientos geológicos sobre el Planeta Rojo.

Una vez los científicos que controlan "Spirit" y "Opportunity" pasaron un susto cuando comenzó una intensa tormenta de polvo. Este fenómeno meteorológico creó dos problemas simultáneos. Por un lado, el polvo cubre parcialmente los paneles solares que usan los robots para recargar las baterías. Al mismo tiempo, el polvo atmosférico oscurece el cielo y evita que la luz solar, que normalmente no es mucha porque Marte está más lejos del Sol que la Tierra, recargue eficientemente las baterías. Los científicos estaban preocupados que si la tormenta de polvo continuaba por varias semanas o meses, cosa común en este planeta, las baterías de los robots podrían descargarse completamente, culminando su histórica misión. Agraciadamente esto no sucedió, y hasta el sol de hoy "Spirit" y "Opportunity" continúan explorando Marte.

TAPETES MICROBIANOS:
INVALUABLE TESORO CIENTÍFICO
Y AMBIENTAL PUERTORRIQUEÑO

Carlos Ríos Velázquez y Lilliam Casillas Martínez

Conduciendo por la carretera 100 hacia Cabo Rojo con un grupo de estudiantes de las Universidades de Puerto Rico en Mayagüez y Humacao, y luego de tomar la curva para Combate, me siento entusiasmado y muy contento, pues nos dirigimos hacia el área de las salinas de Cabo Rojo. Muchos de nuestros estudiantes toman la misma ruta durante las festividades para pasar el día en Playa Sucia, como comúnmente se conoce a la estupenda playa cerca del faro de Cabo Rojo. Nosotros, por el contrario, nos dirigimos a descubrir un ambiente muy especial, importante y único. Nos dirigimos a observar y tomar muestras de los tapetes microbianos tropicales e hipersalinos de las salinas de Cabo Rojo.

La superficie de nuestro planeta, en un principio, estuvo rodeada de estructuras compuestas de minerales y materia viva (órgano-sedimentaria) llamadas tapetes microbianos. Actualmente se han encontrado fósiles de tapetes microbianos, llamados estromatolitos, que datan de cientos y cientos de millones de años. Los mismos ayudaron a producir el oxígeno, gas necesario para la vida en el planeta. Aunque inicialmente los primeros organismos aeróbicos fueron las

Tapete microbiano de las salinas de Cabo Rojo. El tapete es un microecosistema de gran valor científico y ambiental. Cada capa representa un grupo de microorganismos distintos. Foto cortesía de los Drs. Carlos Ríos Velázquez y Lilliam Casillas Martínez

cianobacterias, éstas permitieron que surgieran las plantas, las cuales compitieron con los tapetes y ganaron para establecer otros ecosistemas como los bosques que conocemos hoy. Sin poblaciones pioneras como los tapetes, no se podría respirar hoy en día; son fósiles vivientes de la Tierra primitiva.

Actualmente, los tapetes sólo pueden encontrarse en ambientes extremos para la vida, como áreas volcánicas de alta temperatura y otros lugares conocidos como ambientes hipersalinos, donde la concentración de sal es mucho más alta que la del agua de mar. En el mundo hay muy pocos lugares donde se pueden encontrar tapetes microbianos. Entre ellos se encuentran Australia, España, Bahamas y en Puerto Rico, específicamente en las salinas de Cabo Rojo.

En este lugar se han realizado varios estudios científicos, incluyendo el desarrollo de un observatorio microbiano por la Fundación Nacional de la Ciencia (NSF, por sus siglas en inglés), con el propósito de estudiar los tapetes y entender cómo se forman, qué tipo de vida habita en ellos y cómo se pueden usar en la biotecnología, en la medicina y su importancia ecológica. Entre las ciencias que estudian los tapetes se encuentra la geomicrobiología, la cual combina la microbiología, que estudia la vida microscópica, y la geología, la cual estudia el origen y los materiales que forman la tierra. Estos tapetes son tan importantes que están siendo protegidos por el gobierno federal y de Puerto Rico, y son estudiados por la NASA (National Aeronautics and Space Administration) para entender la posibilidad de vida en otros planetas.

Finalmente, hemos llegado al lugar, que se llama Laguna Candelaria. Se pueden observar varias plantas, cactus y un gran número de aves que migran a este lugar a reproducirse y alimentarse. Laguna Candelaria es una gran laguna hipersalina abandonada cerca del mar, donde la entrada de agua de mar es controlada por trabajadores abriendo o cerrando unas pequeñas compuertas. Luego de entrar el agua, y debido al sol, ésta se evapora, dejando la sal disponible para luego ser recolectada. En la orilla de la laguna en el suelo se observan los tapetes sumergidos a lo largo de la orilla.

Debido a las condiciones ambientales y la lluvia, los tapetes pasan por dos temporadas: la época de sequía y de lluvia. Los tapetes se observan verdes pues estamos viendo la parte superior. Con mucho cuidado, un estudiante entra en el agua donde están los tapetes. Caminando poco a poco y usando una espátula, el estudiante corta un fragmento de tapete, de la misma manera que cortamos un pedazo de lasaña de un molde. Cuando el estudiante trae la muestra hacia nosotros, camina de regreso pisando las mismas huellas usadas para llegar al lugar. Este es un ecosistema único y hay que cuidarlo y conservarlo. Es un lugar espectacular y, sobre todo, nuestro, puertorriqueño.

En los tapetes se encuentran distintos tipos de microorganismos arreglados u organizados en capas o láminas, como si estuviéramos hablando de una "lasaña"; cada capa es un grupo de microorganismos distinto. Los tapetes microbianos de las salinas de Cabo Rojo tienen tres capas. Una arriba de color verde, donde hay bacterias llamadas cianobacterias que hacen fotosíntesis, como lo hacen las plantas. Además, en la capa verde habitan otros microorganismos que viven respirando oxígeno, como nosotros. Hay también una capa debajo de la verde, de color roja o rosada. En esta capa viven bacterias que llevan también fotosíntesis, pero no como las plantas. Contrariamente a ellas, no producen oxígeno, y el proceso es conocido como fotosíntesis anoxigénica.

Existe también una tercera capa, la misma debajo de la roja o rosada, que es de color negro. En esta capa viven microorganismos que no usan oxígeno para vivir, y gran parte de ellos pueden usar azufre para obtener energía. Todas las capas forman el tapete, y las mismas dependen de la luz, el oxígeno, los productos metabólicos (reacciones químicas) de los demás y la materia orgánica (compuesta de carbono) para su formación. Siempre hay comunicación entre los microorganismos de las capas, intercambiando gases y nutrientes. Por ésto, en los tapetes hay varias comunidades microbianas, como "condominios de microorganismos".

Luego que los estudiantes determinaron los parámetros físico-químicos, tales como salinidad, oxígeno disuelto y temperatura del tapete, se separaron las distintas capas con mucho cuidado. Estas capas se colocaron en tubos especiales para continuar investigando las comunidades microbianas presentes. Algunas muestras serán analizadas por geólogos y microbiólogos en Puerto Rico, y otras en Estados Unidos. Al día de hoy se han identificado nuevas especies de microorganismos, y no dejo de pensar que en pocos años podamos encontrar nuevos antibióticos, algo así como la "penicilina boricua".

De regreso a nuestra universidad, atesoro lo maravilloso del día de hoy y lo bendecidos que somos en poseer ambientes como los tapetes microbianos. Los mismos han permitido la interacción interdisciplinaria entre educadores y científicos de distintas universidades ayudando a la colaboración, trabajo en equipo, investigación y contribuyendo a que la comunidad disfrute y conserve un ambiente tan único y especial.

LOS TIBURONES DE PUERTO RICO

Ángel M. Nieves Rivera

"Tiburón, ¿qué buscas en la orilla?" Así reza el corito de una canción popular entonada por el cantante panameño Rubén Blades. La palabra tiburón ("shark" en inglés) viene del griego "selachos." A los tiburones también se les conoce como los "selacimorfos" o aquellos que tienen forma de escualo. Estos peces se encuentran entre las especies más fascinantes y que mayor miedo provocan con tan sólo invocar su nombre. Al igual que los murciélagos, que por su apariencia grotesca y feroz han sido masacrados indiscriminadamente, los escualos han sufrido un destino similar debido a su mala fama. Nuestra percepción negativa se origina de películas como "Jaws" (cuya traducción es "Mandíbula" o "Quijada", y no "Tiburón" como presentan incorrectamente algunas cadenas televisivas), entre otras. Algunas especies han sido casi llevadas a su exterminio. Un ejemplo clásico son los tiburones blancos del Mediterráneo.

"El tiburón que me quiera comer, tendrá que salir por la ducha" es un refrán popular que demuestra el miedo ancestral que aún tenemos hacia estos enigmáticos peces. Aunque es más probable que le caiga un rayo a uno a que un tiburón "asesino" nos busque para comernos, existen casos documentados según los cuales han ocurrido ataques de tiburones en Puerto Rico. El ataque de tiburón más antiguo registrado en Puerto Rico data de la época indígena. Fue en el yacimiento "Paso del Indio", en Vega Baja, donde se excavaron huesos humanos con laceraciones causadas por los dientes de un escualo, probablemente un tiburón tigre, aunque la evidencia está aún por confirmarse. En el Centro Ceremonial Indígena de Tibes en Ponce también se han hallado dientes del gran tiburón blanco (conocido por su nombre científico como *Carcharodon carcharias*) en los yacimientos aborígenes de la zona. En *Leyendas puertorriqueñas* narradas por el historiador arecibeño Dr. Cayetano Coll y Toste, se hace mención de Rufino, un indígena aguadillano conocido como "El matador de tiburones", y que para 1640 se dedicaba a tan onerosa profesión por las costas de Aguada. Un ataque no confirmado ocurrió el 22 de diciembre de 1922 a una joven de apellido Bourne, la cual falleció debido a que un tiburón le mordió una pierna en San Juan.

En los años '80, cuando mi padre trabajaba como sargento de la Policía de Puerto Rico en Barceloneta, él me contó relatos de los sustos que pasaron en el pueblo, ya que el Río Grande de Manatí serpentea muy cercano al pueblo. En varias ocasiones los vecinos llamaron a la policía, ya que veían enormes aletas de escualos por sus meandros. Los atrevidos muchachos que siempre se lanzaban desafiantes, brincaban afuera del agua al escuchar el terrible grito "¡Tiburón, tiburón!". La explicación de la presencia de estos tiburones era simple: los restaurantes lanzaban basura y alimentos al río, lo cual atraía río arriba a muchos de estos "sabuesos marinos" buscando el alimento fácil. El agua dulce del río se mezcla con las corrientes superficiales marinas y forma un estuario ribereño que alcanza distancias considerables río arriba, lo cual les facilita el camino a los tiburones.

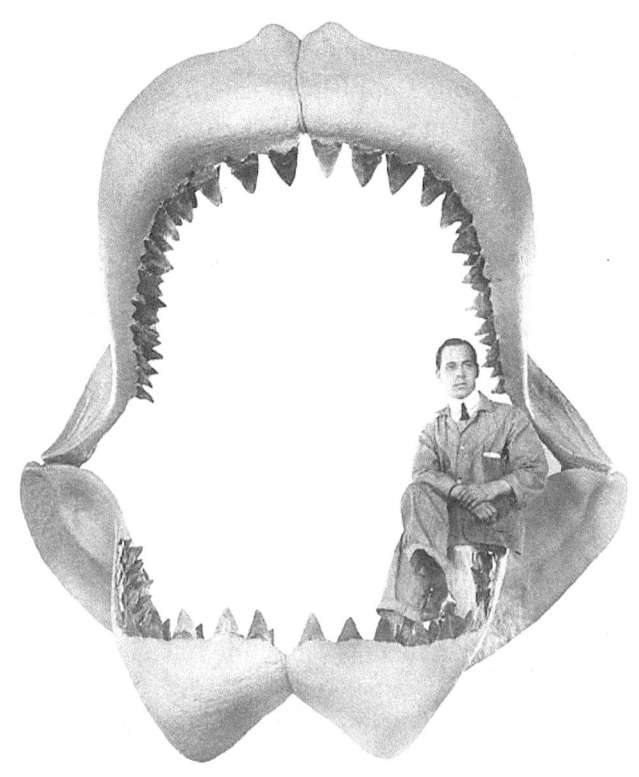

Reconstrucción incorrecta de la mandíbula del tiburón fósil Megalodón, el cual habitó en Puerto Rico sumergido por un mar prehistórico. Es incorrecta por la desproporción ya que usaron dientes del mismo tamaño para reconstruirla. El Megalodón existió en la era Cenozoica, hace 28 a 1.5 millones de años, pero aún existen dientes fósiles de este depredador en rocas calizas de la Isla. Foto tomada por Bashford Dean en 1909.

Aunque el compañero oceanógrafo Dr. Cedar I. García Ríos, de la Universidad de Puerto Rico en Humacao, menciona en su página de Internet "Tiburones de Puerto Rico" una excelente sinopsis de las 21 especies de tiburones más comunes en las aguas y costas de Puerto Rico, lo cierto es que hay muchas especies adicionales. Lo más asombroso es que se encuentran en tierra... "¿Y cómo es esto posible?", me preguntó un estudiante en una ocasión. "Eso es un disparate atroz", me dijo otra estudiante. Pues sí, mi estimado lector, así como lo está leyendo. Obviamente son los restos de criaturas que ya no se encuentran con nosotros, pero su presencia sí fue notable en otros tiempos geológicos. Me refiero a los fósiles, por supuesto...

Un fósil (del latín *fossile*, extraído de la tierra) es todo aquel resto o señales de actividad de organismos pasados. La ciencia que estudia a los fósiles en sus variadas formas es la paleontología. Hemos sido muchos los que hemos estudiado y documentado los tiburones fósiles en Puerto Rico. A principios del siglo pasado, el segundo alcalde del pueblo de San Sebastián luego del cambio de soberanía fue, además de político, un afamado farmacéutico y paleontólogo aficionado. El Hon. Narciso Rabell Cabrero hizo importantes aportaciones al conocimiento de los escualos fósiles de la Isla y hasta publicó un escrito al respecto.

En los años '70 y '80, el arqueólogo moroveño, Dr. Roberto Martínez Torres, documentó muchos hallazgos de dientes de tiburón de varias especies en Morovis y muchas otras localidades en la zona cársica del norte central de la Isla. El Dr. Martínez Torres editó la primera revista arqueológica y paleontológica de la Isla, conocida como *El Mapa,* y fue ahí que informó sus descubrimientos. Otro paleontólogo que ha contribuido a desenterrar fósiles de tiburones de las calizas de Bayamón, San Sebastián y Yauco, es el isabelino Prof. Jorge Vélez Juarbe. El Prof. Vélez Juarbe (a quien llamo de cariño el "Paul Sereno boricua") tiene la honrosa distinción de haber descrito el primer fósil de un gaviálido (*Aktiogavialis portoricensis*), es decir, un reptil en forma de cocodrilo cuyo hocico era muy delgado y que se alimentaba de peces. Este fósil data del período Oligoceno de Puerto Rico.

En febrero de 1992 aparecieron los dientes fosilizados de un tiburón megalodón (*Carcharodon megalodon*) en un relleno sanitario del pueblo de Isabela. Estos dientes triangulares son enormes, miden de 13 a 15 centímetros en longitud.

El tiburón megalodón fue un pariente muy lejano del gran tiburón blanco, pero primo del actual tiburón limón. Según se estimó, su longitud fue de unos 18 metros, y su aleta dorsal medía unos dos metros de alto. Fósiles dentarios hallados en diversos municipios de Puerto Rico nos muestran dientes de diversos tamaños y formas que identifican a la especie de tiburón en particular, como una huella dactilar nos distingue a cada uno como individuos.

Una historia conocida para aquellos buscadores de fósiles de tiburones del área oeste, fue la vez en que el mayagüezano Prof. José Muñoz Vázquez, arqueólogo de profesión, nos acompañó a buscar fósiles a varios de nosotros, y no hizo más que bajarse del carro y encontró un diente de tiburón (que asemejaba el de un tiburón tigre), el primero que obteníamos en un yacimiento fosilífero de Yauco. Hubo risas, lamentos y hasta profanaciones de todo tipo... ¡Que tiempos aquellos que no volverán!

Los tiburones han sido regentes de los océanos, mares, costas, estuarios y hasta ríos por millones de años, y son "los espíritus guardianes de los océanos", como les llaman en la Polinesia. Son fósiles vivientes, como el escurridizo y huraño celacanto. Su diseño no ha cambiado gran cosa desde muchísimo antes de la dinastía de los dinosaurios; y aún después que los humanos nos hayamos extinguido, seguirán ahí. Se preguntará usted: ¿Y qué importancia tienen todos estos datos y hallazgos para nuestro diario vivir? La importancia estriba en que los seres humanos somos parte de un todo, y lo que afecta a unos pocos a la larga nos afectará a todos. Los tiburones juegan un papel clave en la cadena alimenticia de los océanos; y si su población disminuye o desaparece, nosotros pagaremos las consecuencias. Conservemos nuestros recursos naturales, históricos y culturales, ya que son parte íntegra de nosotros como pueblo. Si nosotros no lo hacemos, ¿quién entonces lo hará?

PLACAS TECTÓNICAS, TERREMOTOS Y MAREMOTOS

Daniel A. Laó Dávila

¿Alguna vez te has despertado de la cama al sentir vibraciones parecidas a las producidas por un camión? ¿O tal vez has visto los cuadros de tu casa caer de las paredes y escuchado un ruido fuerte, a la misma vez de sentir fuertes vibraciones? No pienses que es un gigante despertándose. Lo más probable es que estás sintiendo uno de muchos terremotos que ocurren a diario en Puerto Rico.

Si has sentido un terremoto, has sido testigo de un proceso muy importante en la Tierra. La Tierra está dividida internamente en diferentes capas rocosas, cada una con diferentes propiedades físicas y químicas. Las capas rocosas superiores, aproximadamente los primeros 100 kilómetros, están divididas en fragmentos que se mueven entre sí y que llamamos placas. En sus bordes, las placas pueden chocar unas con otras, separarse unas de otras o moverse de lado a lado. Puerto Rico, junto a La Española y Jamaica, se encuentra en el borde entre las placas del Caribe y de Norteamérica. En este borde de placa las rocas chocan entre sí, en vez de moverse de lado a lado. Por consecuencia, Puerto Rico se encuentra en una zona donde más rompimientos de rocas ocurren debido a estos movimientos de placas.

Foto mostrando el daño causado en Mayagüez por el terremoto de San Fermín de 1918. El terremoto de 7.5 en la escala de Richter causó grandes estragos y resultó en un maremoto. El autor de esta foto es Cifuentes y la foto fue suministrada por la Universidad de Puerto Rico.

El rompimiento de rocas ocurre a lo largo de superficies llamadas fallas. Las fallas pueden encontrarse en la superficie o a gran profundidad. Cada vez que se rompen las rocas, se libera mucha energía por medio de ondas que se propagan en todas las direcciones. Muchas veces es tanta la energía que se libera, que la sentimos en la superficie. Las ondas que se propagan tienen diferentes propiedades. Las primeras ondas en producirse, llamadas ondas P (primarias), se comprimen en la dirección de propagación. Las ondas S (secundarias) llegan después de las ondas P, y se comprimen perpendicularmente a su dirección de propagación. Si el terremoto es bastante fuerte, también se pueden producir ondas superficiales que son las más lentas en propagarse.

La mayoría de los terremotos cercanos a Puerto Rico ocurren en fallas mar adentro en las regiones de la Fosa de Puerto Rico (al norte de la Isla) y en la región de Sombrero (al noreste de la Isla). Esto quiere decir que hay muchos terremotos que no sentimos porque ocurren lejos de la Isla. Pero, hay eventos de rompimiento de rocas en esas regiones, que sentimos porque liberan mucha energía y están cercanos a la superficie. Los más cercanos a la superficie podrían sacudir el fondo marino y producir un maremoto.

Un maremoto (también conocido como *tsunami*, palabra originada del japonés) es una perturbación del mar a consecuencia de un desplazamiento del fondo marino que podría causar inundaciones en las costas. Las fallas submarinas alrededor de Puerto Rico son fuentes potenciales de maremotos. Como ejemplo, en el año 1918 ocurrió un terremoto de gran magnitud que ocasionó una perturbación en el suelo marino al noroeste de Aguadilla. Se formó un maremoto que inundó las costas del oeste de Puerto Rico y ocasionó muchos daños a su paso. Este suceso nos indica que tenemos que estar preparados para un posible maremoto en el futuro. Podemos estar más seguros si nos preparamos y si seguimos las instrucciones de las organizaciones de manejo de emergencias luego de un terremoto.

Los terremotos pueden ser dañinos si se libera mucha energía y si ocurren cerca de la superficie. Las vibraciones pueden ser tan fuertes, que rompan casas, edificios y carreteras. Por lo que, en caso de un terremoto, hay que actuar rápidamente y cubrirse debajo de algún mueble, como la cama o escritorio. También es importante que en las escuelas y en los hogares se tengan mochilas de emergencia que contengan objetos de primeros auxilios, por si hay que ayudar a algún herido.

No hay que tener miedo a los terremotos y a los maremotos. Sólo hay que estar listos y preparados, en caso que ocurran. Cada vez que sintamos las vibraciones ocasionadas por un terremoto y ver que estamos sanos y salvos, podemos entonces apreciar que estamos sintiendo el continuo movimiento de las placas tectónicas en la Tierra.

LOS MICROBIOS NUESTROS DE CADA DÍA

Alexis Valentín Vargas

Era un sábado de verano en la tarde. Llevaba todo el día jugando fuera de mi casa, y ya era hora de regresar para cenar. Tan pronto cruzo la puerta, mi madre me mira como si hubiese hecho algo malo y me dice: "Te lavas bien las manos antes de sentarte a comer, deben de estar llenas de bacterias, y esas cosas lo que causan son enfermedades". "¿Bacterias?", me pregunté en voz baja, por no querer cuestionar la orden de mi madre. ¿A qué se refería ella cuando me hablaba de bacterias, una especie de organismos invisibles que yo recogía con mis manos del ambiente y que me podían enfermar? Esa duda vivió en mí casi inalterada hasta que ingresé a la universidad y pude descubrir a plenitud el gran mundo de los microbios o los microorganismos, como se les llama "científicamente". Los microorganismos son simplemente organismos tan pequeños, que no se pueden ver a simple vista.

Aunque en la escuela uno puede aprender un concepto generalizado de lo que son los microorganismos, hace falta profundizar con ejemplos cotidianos sobre cómo éstos afectan nuestra vida diaria, para poder descubrir, a grandes rasgos, el potencial y la importancia que tienen para nosotros. Lo primero que vale la pena aclarar es que el estereotipo de que todos los microorganismos son malos o que causan enfermedades, está muy lejos de la realidad.

Todos los microorganismos, generalmente compuestos de una sola célula, los podemos dividir en tres grandes grupos: los eucariotas, organismos con células muy complejas como las nuestras y que incluyen especies de hongos y algas; las arqueas, organismos con células más simples y que se cree fueron los primeros habitantes del planeta; y las bacterias, organismos con células muy simples como las de las arqueas y que son posiblemente el grupo más diverso e importante de los tres. Este corto escrito lo enfocaré en las bacterias porque, a pesar de su importancia, son las que poseen peor reputación. Para acabar de poner en perspectiva la idea errónea de que las bacterias no son otra cosa más que precursores de enfermedades, basta con mencionar que se estima que existen más de 1,000 millones de especies de bacterias en la tierra y que posiblemente menos del 1% de ellas nos pueden enfermar.

Con esto podríamos entender que la mayoría no nos hacen daño, pero ¿por qué son importantes para nosotros? Pues es muy probable que sin su existencia nosotros no estuviéramos aquí hoy. Las bacterias, junto a las arqueas, fueron los primeros habitantes de la Tierra bajo condiciones inhóspitas y muy distintas a las que existen hoy día. En el principio, la atmósfera de nuestro planeta era rica en bióxido de carbono y pobre en oxígeno. Grupos de bacterias fotosintéticas (que obtienen energía de la luz solar) cambiaron la atmósfera al atrapar bióxido de carbono del aire y enriquecer el aire con oxígeno (al igual que las plantas). Estas bacterias transformaron la atmósfera e hicieron posible que otros organismos, incluyendo los seres humanos, pudiésemos existir. De hecho, hoy más del 50% del oxígeno que se produce en el planeta no es producido por plantas sino por microorganismos que habitan los océanos, conocidos en general como fitoplancton.

Las bacterias son los únicos organismos que habitan literalmente todos los rincones del planeta: en el aire, en el fondo del mar, en los polos, en los desiertos, a cientos de metros bajo la tierra, e inclusive en todo nuestro cuerpo. En nuestros cuerpos habitan, normal y continuamente, trillones de microorganismos, a los que se les conoce como nuestra "flora microbiana normal". Podemos tener entre 500 y 1,000 especies distintas y más de 100 trillones de células bacterianas en nuestro cuerpo. Se estima que una persona saludable posee normalmente 10 veces más células microbianas que células humanas y 100 veces más genes bacterianos que genes humanos. Un adulto promedio posee hasta 40 millones de células bacterianas por cada mililitro de saliva y aproximadamente 1 kg. de masa microbiana en sus intestinos.

¿Somos humanos o acaso una especie de súper microbio? La realidad es que las bacterias están allí por razones muy importantes. Las bacterias mejoran la eficiencia de nuestra digestión cuando nos alimentamos, nos suplen vitaminas (como la vitamina K), ayudan a fortalecer nuestro sistema inmunológico e irónicamente nos protegen de otras bacterias que nos pueden causar enfermedades. Son tan importantes para nuestro cuerpo, que un desbalance en nuestra flora normal nos puede causar una condición médica llamada disbiosis. La disbiosis ocurre cuando las bacterias beneficiosas se afectan por alguna razón, como por ejemplo un tratamiento de antibióticos, y el desbalance creado se refleja en síntomas como alergias, problemas gastrointestinales y condiciones de la piel como el acné.

Pero la importancia de las bacterias va mucho más allá de nuestros cuerpos; sus aportes a nuestra vida son cotidianos y numerosos. Las bacterias son importantes para la producción de alimentos, como queso, vinagre y yogurt. De hecho, los yogures suelen señalar en la etiqueta su contenido de bacterias vivas y activas que fermentan las azúcares de la leche y producen ese sabor amargo que tanto los caracteriza.

También se utilizan en la producción de compuestos químicos, como alcoholes y acetona; en la producción de medicamentos, como antibióticos, vacunas, insulina y vitaminas B1 y B12; se emplean para extraer metales de interés (ej. cobre, oro, zinc, níquel) en la industria minera; y las utilizamos a diario para limpiar contaminantes que nosotros liberamos al ambiente y tratar las aguas usadas que producimos en nuestras casas, trabajos y escuelas.

Todo esto nos da una idea general de cuán importante son los microorganismos para nuestra vida, y quizás encienda la chispa de la curiosidad que nos lleve a indagar más sobre estos fascinantes organismos. Es hora de comenzar a olvidar esa idea anticuada de que la única bacteria buena es aquella que está muerta. No me malinterprete, es muy importante lavarse las manos antes de comer para eliminar aquellas bacterias que sí nos pueden enfermar, pero por unas cuantas bacterias indeseables no debemos menospreciar la importancia de las demás.

"¡ESO PICA, PICA CON EL RABO PERO NO CON LA BOCA!"

Jorge A. Santiago Blay

Un buen día, allá en 1980, cuando visitaba a mami y a mis abuelas María y Pina, les conté de cómo iban mis trabajos con los escorpiones de Puerto Rico y las islas adyacentes. Y en ese momento, abuela María me advirtió por primera vez algo que escuché muchas veces de ella: que tuviese mucho cuidado con los escorpiones porque "¡eso pica, pica con la boca y con el rabo!". Aunque eventualmente descubrí que los escorpiones sólo pican con el rabo, con el que pueden inyectar una toxina, las expresiones repetidas de abuela María me hicieron preguntarme cuán comunes eran las picadas de escorpiones en Puerto Rico.

Para ese entonces ya me había puesto en contacto con colegas extranjeros que también estudiaban los escorpiones, expresándoles mi intención de estudiarlos. Muchos me ayudaron, los visité unos años más tarde y, con el pasar de los años, hemos mantenido una buena relación profesional. De ellos, así como de muchos de mis profesores buena gente de la Universidad de Puerto Rico (UPR) en Río Piedras, aprendí a vivir y a creer en un mundo profesional donde las personas cooperan y se respetan mutuamente. Sin embargo, igualmente importante para mí, fue el aprender que no todos los colegas tienen los mismos valores. Esto me causó apercibirme de la importancia de defender las cosas en las que uno cree.

O sea, sin duda alguna, pensé que la ciencia no es como los libros de texto la parecen describir, como una carretera perfectamente asfaltada. Por el contrario, lo que he vivido me hace pensar que la ciencia, como la vida, es una mezcla de colegas muy generosos y otros que no lo son, como una carretera que es de suave recorrido en algunos lugares y llena de boquetes en otros.

Habiéndome enterado de que algunos escorpiones estaban siendo enviados de Puerto Rico a otros lugares, realmente tuve que darme a conocer en Puerto Rico con el fin de animar a los puertorriqueños a enviarme todo escorpión al Museo de Biología de la UPR, como se llamaba la colección biológica en aquel entonces. Comencé a divulgar información sobre los escorpiones de Puerto Rico por toda la Isla. Escribí artículos sobre los escorpiones en los periódicos de Puerto Rico, aparecí en radio y televisión, distribuí hojas sueltas e inicié mi carrera como orador – que no es fácil para una persona que tartamudeaba tanto como yo en aquellos años. Este aspecto de mi carrera profesional me trajo muchas alegrías de las que espero contarles en otras historias futuras.

Volviendo a mami y mis abuelas, otro buen día las puse a ayudarme en mis investigaciones de los escorpiones de Puerto Rico. Formaron parte de una línea manual de producción de cartas dirigidas a todos los hospitales y centros de salud de Puerto Rico para que me informaran sobre pacientes con picadas de escorpión. Ese método de solicitar información globalmente me ha funcionado muy bien en toda mi carrera profesional. Ahora es mucho más fácil y económico, porque todo se va por e-mail. En fin, algunos hospitales y centros de salud contestaron y me ayudaron a entender que los casos de escorpionismo en Puerto Rico son raros y relativamente de poca importancia médica. Yo he sido picado en mis manos seis veces por escorpiones en Puerto Rico y otras áreas del Caribe, y lo que he sentido es como la picada de una abeja o de una avispa, así como el latir de mi dedo picado por cerca de 20 minutos.

Unos años más tarde completé mi tesis de maestría sobre los escorpiones de Puerto Rico y me fui a hacer un doctorado

Heteronebo portoricensis, comúnmente conocido como el alacrán, es un escorpión autóctono de Puerto Rico. Foto cortesía de Dr. Jorge Santiago-Blay.

en entomología, la ciencia de los insectos y sus aliados, junto a una maestría en botánica, la ciencia de las plantas. Poco a poco he podido ir sacando a la luz publicaciones que reflejan el esfuerzo de mi familia, el de tantos otros puertorriqueños y puertorriqueñas que me ayudaron a coleccionar escorpiones e insectos y el mío propio.

Veintiseis años han pasado luego de mi partida de Puerto Rico. Aún me pregunto si mis lecciones y experiencias habrán llegado al corazón de aquellos con quienes interactué en Puerto Rico. Lo único que siento que no ha cambiado es la generosidad de una nueva generación de boricuas quienes estoy viendo ahora que estoy regresando a Puerto Rico a hacer ciencia.

Gracias a abuela María, quien como tantas otras personas, me inspiraron con sus palabras, "¡eso pica, pica con la boca y con el rabo!", aunque, al final, solamente pican con el rabo.

Dedico esta historia a todos los que me ayudaron a completar mi trabajo con los escorpiones de Puerto Rico, de los que les espero contar más en un futuro. Ahora, lo más importante fue contarles un poco cómo lo puede hacer.

PUERTO RICO: ISLA DE LA NEUROBIOLOGÍA

Mónica I. Feliú Mójer

Todos conocemos a Puerto Rico como la Isla del Encanto, una fuente inagotable de belleza, recursos naturales y recursos humanos. Sin embargo, le sorprendería saber que Puerto Rico también es la Isla de la Neurobiología. Nuestra Isla cuenta con sobre 50 laboratorios que se dedican a estudiar desde cómo se forma el cerebro, hasta cómo se enferma, y muchos temas más.

De hecho, fue nuestro estatus como Isla del Encanto el que nos condujo a convertirnos en un atractivo para la neurobiología. En 1967, un dormitorio para enfermeras del Ejército de los Estados Unidos quedó disponible, oportunidad que se aprovechó para fundar el Laboratorio de Neurobiología (hoy el Instituto de Neurobiología) en San Juan, bajo la dirección del Doctor José del Castillo.

José del Castillo, llegó a Puerto Rico desde España, vía el Instituto Nacional de Salud de los Estados Unidos (NIH, por sus siglas en inglés), atraído por la riqueza de animales marinos –uno de sus modelos experimentales favoritos– que ofrecía estar a pasos del Océano Atlántico. Utilizando calamares, y luego sapos, en el laboratorio de Bernard Katz, del Castillo hizo grandes contribuciones al entendimiento de la transmisión sináptica (el principal mecanismo de comunicación de

El Instituto de Neurobiología en el viejo San Juan es un instituto de investigación reconocido a nivel mundial por sus aportaciones al conocimiento en torno al sistema nervioso. Foto cortesía del Dr. Steve Treistman, Director del Instituto de Neurobiología, Universidad de Puerto Rico.

nuestras neuronas), descubrimientos que luego llevaron a Katz a ganar el Premio Nobel en Fisiología en 1970.

En las propias palabras de José del Castillo: "El propósito original del Laboratorio, que ha permanecido igual a lo largo de los años, fue establecer una facilidad de investigación interdisciplinaria e interdepartamental que diera acceso a la rica y variada fauna local, tanto terrestre como marina, ofreciendo así a los investigadores los resultados de la experiencia evolutiva en forma de tejidos y células particularmente adecuados para la elucidación de problemas biológicos específicos."

Hoy día, el Instituto de Neurobiología tiene una facultad compuesta de 14 profesores, que investigan la actividad eléctrica de las neuronas y las moléculas que las componen; cómo las neuronas se comunican y se conectan entre sí; y cómo los circuitos de neuronas llevan a los diversos comportamientos de los animales. Allí, moluscos, cucarachas, sapos, cangrejos, ratones y monos, entre otros, ayudan a los investigadores del Instituto a comprender el sistema nervioso.

Además del Instituto de Neurobiología, Puerto Rico cuenta con un nutrido grupo de neurocientíficos en diferentes instituciones académicas. En la Universidad de Puerto Rico (UPR), Recinto de Río Piedras y Recinto de Ciencias Médicas (RCM), investigadores estudian la estructura y función de canales iónicos que dan paso a la actividad eléctrica de las neuronas; la neurobiología del desarrollo y los mecanismos de regeneración del sistema nervioso; cómo envejece el cerebro; el aprendizaje y la memoria; y los mecanismos de adicción a drogas, entre muchos otros temas. Además, la UPR cuenta con el Centro de Investigaciones de Primates en Cayo Santiago, que le provee a la comunidad científica internacional monos *Rhesus* y estudia diferentes aspectos de estos primates.

Otras instituciones privadas, como la Escuela de Medicina de la Universidad Central del Caribe y la Escuela de Medicina en Ponce, también realizan investigación en la función de canales iónicos, adicción a drogas y enfermedades neurológicas, entre otras.

Además de nutrida, la comunidad neurocientífica en Puerto Rico es sumamente colaborativa e interdisciplinaria. Por ejemplo, el Centro para la Neurociencia Molecular, del Desarrollo y del Comportamiento (Center of Molecular, Developmental and Behavioral Neuroscience) es un centro multidisciplinario y una colaboración entre la UPR-Río Piedras, UPR-RCM, la Escuela de Medicina en Ponce y la Universidad de Missouri-Columbia que se enfoca en el estudio de los mecanismos moleculares de daño cerebral, aprendizaje, adicción a cocaína y comportamiento maternal.

Parte II

Haciendo ciencia: cómo se bate el cobre

Consciente o inconscientemente, los conocimientos generados en las ciencias impactan nuestras vidas a diario. Los descubrimientos hechos hoy en un laboratorio, mañana pueden ser la base de una nueva tecnología, o la cura a una enfermedad perniciosa. Pero, ¿cómo se generan los conocimientos en las ciencias? ¿Y cómo esos conocimientos impactan nuestras vidas?

En esta sección leerás ensayos sobre cómo nuestros científicos trabajan día a día para generar nuevos conocimientos sobre nuestro cuerpo, nuestra salud y nuestro entorno. Todo comienza con una pregunta: ¿Por qué? De ahí, la aplicación del método científico. Discutiremos cómo las levaduras, los gusanitos, los mimes y los ratones nos han ayudado a encontrarle respuestas a las preguntas más misteriosas de la vida. Esperamos que estos ensayos abran una ventana al mundo cotidiano de nuestros científicos, y al proceso que va desde la curiosidad infantil y una simple pregunta, a un gran descubrimiento.

¿POR QUÉ?

Jorge A. Santiago Blay

Hace muchos años, cuando vivía en Puerto Rico, me iba por los montes a buscar animalitos. Me la pasaba conduciendo mi Datsun rojito del 1970. Era un carro viejo con número de tablilla 33D334. Un día del 1979, en el que me había ido solito buscando unos gongolíes bastante comunes, pasé por la carretera 113 de Quebradillas. Al bajarme del auto, comencé a buscar en la hojarasca un poco húmeda, porque allí tiende a haber muchos *Asiomorpha coarctata* y otros gongolíes muy parecidos.

Tres niños, de cerca de 12 años de edad vestidos con pantalones negros y camisa blanca, que salían de una escuela pública, se acercaron a mí y, llenos de curiosidad, me preguntaron qué yo hacía. En ese momento, sentí mucha alegría, porque entonces, como ahora, escuché el llamado a la enseñanza que me inspira a tratar de descubrir cosas nuevas en la naturaleza.

Ese el llamado que siento todos los días cuando me preparo para dar clases aquí en los Estados Unidos. Cada vez que el nuevo semestre o el verano comienza, realmente me imagino que voy a la escuelita de un sólo salón que solía existir por la carretera que se mete bien adentro en el Bosque de Río Abajo en Utuado. Y veo, con los ojos de mi imaginación, a una maestra sin edad, llena bondad y alegría al recibir a los alumnos. También, cuando imagino eso, escucho la música que acompaña "El regreso a la escuela" del poeta puertorriqueño Virgilio Dávila.

Unos pocos años después de encontrar a los niños curiosos, y junto a mi consejero de tesis de maestría, el Dr. Manuel J. Vélez Miranda de la Universidad de Puerto Rico en Río Piedras, publiqué mis primeros trabajos científicos sobre las tres especies de gongolíes que estuve buscando por Quebradillas y en toda la Isla. Aunque estos milpiés son muy comunes en los trópicos del mundo, todavía quedan preguntas sin contestar sobre ellos.

A medida que les explicaba a los niños lo que hacía, me di cuenta de que había uno de esos gongolones, gungulenes, gongolíes, gungulembos o gongolas, como le dicen a los milpiés en diferentes partes de la Isla, caminando despacito sobre el tronco de un árbol de la familia de las fabáceas o leguminosas, como nuestro flamboyán. Cuando les conté a los niños que en Puerto Rico hay muchas variedades de esos gongolíes, ellos me miraron y, con ese penetrante candor de los científicos verdaderos, me preguntaron, ¿por qué?

Pausé, entonces les dije lo mismo que les hubiese dicho hoy: "Esa es una pregunta muy buena y nadie sabe su respuesta". Aunque para ese entonces, ya yo había comenzado a tratar de encontrar respuestas a estas preguntas, les dije, "Tal vez ustedes podrán encontrar las respuestas." Asombrosamente, comenzamos a hablar de lo que podría estar causando las variaciones de color que muestran los gungulenes, y los niños tuvieron ideas que sugerían mucha perspicacia.

Treinta años más tarde, en el 2009, regresé a Quebradillas. Aunque ya no tengo un Datsun viejo, y muchas cosas en mi vida han cambiado, nunca olvido los cinco minutos en la carretera 113, con esos niños de Quebradillas, quienes me recordaron la necesidad incesante de buscar explicaciones, o como decimos en lenguaje sencillo, de preguntarnos ¿por qué?

Asiomorpha coarctata, comúnmente conocido como el gongolí. Foto cortesía del Dr. Jorge Santiago Blay.

Ahora tengo muchas herramientas tecnológicas y experiencia que me permiten tratar de contestar mejor la pregunta de esos niños. Aunque en este viaje reciente no encontré a los gongolíes ni a los hombres que estos niños deben ser hoy día, busqué por otros sitios en Quebradillas y por toda la Isla. En un sentido, nada ha cambiado. Siempre hay preguntas, curiosidad, niños y niñas cuyas mentes y corazones aún no han sido cauterizados por la vida, quienes, como yo, siempre nos preguntamos, ¿por qué?

EL MÉTODO CIENTÍFICO Y SUS LIMITACIONES

Wilson J. González Espada

El método científico se presenta comúnmente como una serie de pasos especiales que los científicos siguen para construir un entendimiento objetivo de la naturaleza. Este proceso, se alega, se realiza colectivamente y a lo largo de muchos años para así reducir discrepancias, incongruencias, prejuicios y arbitrariedades en el conocimiento científico que se descubre. La realidad es que esta rígida representación del trabajo científico no es más que una simplificación excesiva y engañosa de la labor que realizan los científicos y que está lejos de ser correcta para la mayoría de los casos. Contrariamente a la creencia popular, la experimentación no es la única manera de hacer ciencia.

Una de las críticas al método científico es que no hay una cantidad fija de pasos a seguir. Dependiendo de a quién se pregunte, el método se presenta con un mínimo de cuatro y un máximo de once pasos. Otra crítica es que los científicos no llevan un diario indicando en qué paso del método están cada día. Los científicos no siguen concientemente un plan de acción pre-determinado; ellos se sienten en la completa libertad de utilizar cualquier método o técnica que, de acuerdo a la situación, pueda producir el resultado esperado. La verdadera ciencia no es lineal y sí cíclica.

Incorrectamente se presenta al método científico como algo especial y único entre los científicos y que el resto de nosotros no usa. Nada más lejos de la realidad. Cuando estudiamos y tratamos de resolver cualquier problema estamos siguiendo un método científico. Todas las personas resuelven problemas usando creatividad, imaginación, conocimiento previo y perseverancia.

Sin embargo, una crítica principal al método científico es que no representa múltiples disciplinas de la ciencia en las que no se pueden hacer experimentos cuidadosamente diseñados en el laboratorio. Tomemos el caso de la ciencia teórica, la cual surge cuando los científicos utilizan su imaginación, creatividad, deducción y poder de análisis para observar y explicar la naturaleza desde un punto de vista nuevo y diferente. Uno de los casos más conocidos del poder de la teoría en el desarrollo y evolución de la ciencia ocurrió cuando Albert Einstein desarrolló sus ideas revolucionarias sobre el tiempo y el espacio con casi ninguna evidencia de tipo experimental. Einstein concluyó que la física newtoniana no podría aplicarse a ciertos casos, creando una explicación nueva que comúnmente conocemos como la teoría de la relatividad. Fue luego de que la teoría de la relatividad fuera aceptada por la mayoría de los científicos que se crearon experimentos capaces de confirmar aspectos de la misma.

Otro caso que demuestra que no todas las ciencias siguen el método científico es el de la cosmología. La cosmología se define como el estudio del origen, estado actual y futuro de nuestro universo. Esta ciencia desarrolla teorías e hipótesis sobre el universo que pueden ser confirmadas mediante observación. Dependiendo de dichas observaciones, las teorías o hipótesis se confirman, abandonan o modifican. El rol de la experimentación, imprescindible en el método científico, es casi nulo en la cosmología.

El método científico tampoco aplica a la serendipia, es decir, a los descubrimientos científicos accidentales. La casualidad ha jugado un papel importantísimo en el desarrollo científico. Algunos descubrimientos accidentales incluyen el caucho que se usa para las gomas de los carros, el teflón que cubre algunos sartenes, la penicilina, el endulzante aspartamo, la Viagra y el horno de microondas.

En conclusión, existen múltiples críticas a la presentación tradicional del método científico, sobre todo la percepción errónea de que los pasos del método científico son como un férreo armazón que cubre todas las ciencias. Contrariamente a un mapa del tesoro o a una receta de cocina, en que se llega al destino final luego de seguir los pasos al pie de la letra, la verdadera ciencia es mucho más compleja y flexible.

CIENCIA A LO BRUTO

Wilson J. González Espada

Los niños son los mejores científicos. Ven algo nuevo y no se cansan de preguntar qué, cómo y por qué. A veces las respuestas son sencillas. A veces no lo son. Otras veces, para horror de los adultos, los curiosos pequeñuelos toman la "ciencia en sus manos" y rompen objetos y juguetes para saber qué tienen adentro y cómo funcionan. No sería extraño que alguien un día descubriera que, a mayor cantidad de juguetes rotos, más probable es que los niños o niñas demuestren interés en la ciencia cuando sean adultos.

A veces los científicos se comportan como niños curiosos y, cuando no hay otra manera de estudiar un fenómeno importante, recurren a la vieja costumbre de abrir, romper y triturar para examinar qué hay dentro y cómo funcionan los objetos en la naturaleza. Claro, esta destrucción es muchas veces controlada y cuidadosa para que los pedacitos creados no se dañen y puedan ser estudiados.

Un ejemplo es el caso de la misión espacial "Impacto Profundo". En enero del 2005, los Estados Unidos lanzaron un cohete que contenía dos vehículos espaciales: "Flyby" e "Impactor". Dado que es imposible examinar desde la Tierra el interior de un cometa que viaja a un promedio de 11,000 millas por hora, se decidió que los vehículos espaciales se acercaran al cometa Tempel 1 y estrellar uno de los vehículos mientras ambos grababan información sobre el impacto. Gracias a este incidente de "brutalidad cometicia", los astrónomos descubrieron que la superficie del cometa estaba hecha de un material más fino que la arena y que el interior del cometa estaba hecho de hielo, roca y materiales orgánicos.

Otro ejemplo de "romper para saber" viene de la geología. Los geólogos han notado que a veces la erosión cambia la apariencia y composición mineral de la superficie de una roca. ¿Qué tienen que hacer para saber qué minerales realmente contiene la roca? ¡La hacen cantos! Algunos procedimientos requieren pulverizar la roca, derretir el polvillo obtenido y analizarlo para conocer su composición exacta. Para otras aplicaciones, los geólogos cortan la roca en lascas finitas y casi transparentes (como el jamón de los sándwiches de una panadería que conozco), y se pueden observar los minerales directamente con microscopios especiales.

En biología también es necesario abrir y observar el interior de los organismos para determinar sus similitudes y diferencias. Aristóteles fue uno de los primeros en abrir plantas y animales para examinarlos meticulosamente y saber cómo eran por dentro. En clases de zoología, pre-médica y medicina se disectan varios organismos, incluyendo ratas, sapos, cerditos, gatos y cadáveres humanos. Sacarles la piel y abrirlos cuidadosamente permite a los estudiantes observar los músculos, los órganos internos y los huesos.

Los físicos nucleares son aún más "destructivos". Para poder entender los átomos, componentes submicroscópicos de los que está hecha toda la materia del universo, sería perfecto poder observar sus electrones, protones y neutrones. Sin embargo, no es posible crear microscopios tan potentes. ¿Qué hacen estos científicos? Construyen aceleradores de partículas con los que hacen que partículas subatómicas choquen a altísima velocidad. Es casi como si un técnico restallara computadoras contra la pared y aprendiera cómo funcionan,

Representación gráfica del proyecto "Impacto Profundo" de la NASA, que buscó romper el cometa *Tempel 1* y estudiar su interior. Imagen cortesía de la NASA.

al examinar los pedacitos en el piso. Los físicos nucleares han descubierto una larga lista de partículas elementales y han desarrollado teorías de cómo éstas interactúan dentro del núcleo de los átomos.

Como hemos visto, a veces es inevitable romper para saber. Así que si su hijo o hija rompe más juguetes de lo usual, no se preocupe demasiado. A lo mejor son los primeros pinitos del próximo premio Nobel en ciencias... o tal vez los juguetes son bien porquería y se rompen con facilidad.

¿TE VAS AL CAMPO? ¡HAY QUE PERSEVERAR!

Jorge A. Santiago Blay

Hace muchos años, cuando mi vida y mis metas eran muy diferentes, yo decía ir "al campo", queriendo decir que iba a hablar con otras personas acerca de mi visión del mundo. Pero todo eso cambió después de que el huracán Eloísa pasara por Puerto Rico en 1973 y arrasara, sobre todo en el oeste de la Isla. Años más tarde, "ir al campo" se volvió una sensación de aventura, de qué regalo del corazón abriría hoy, no como esos regalos que llegan medio obligados o en días prescritos por otros humanos.

En 1978 comencé a irme por los montes de Puerto Rico con abuelo Julio. La sensación de aventura se ha quedado en mi ser desde ese entonces, aunque ya el abuelo y los seres queridos de esa época solamente me acompañan en mis pensamientos.

Sobre eso de ir al campo, nunca olvido a un ecólogo argentino muy conocido, el Dr. Jorge Frangi. Un día, cuando yo era estudiante graduado de la Universidad de Puerto Rico y trabajaba en un proyecto para una clase junto a mi colega Vicente Quevedo (ahora en el Departamento de Recursos Naturales y Ambientales), vimos al Dr. Frangi regresar del campo, asqueroso de pies a cabeza porque regresaba del bosque pluvial de palmas de sierra, *Prestoea montana,* en El

Yunque, el Bosque Nacional del Caribe. Le preguntamos, con acento afectado argentino, "Venís del campo?", a lo que nos respondió, "No, del pueblo". Y más adelante, cuando hablábamos de la experiencia, escuchamos y aprendimos: "¿Sabés lo que dice Franklin de la experiencia? La experiencia es la excusa de los tontos."

Ahora, y aunque me crean tonto, salgo al campo con más alegría que antes, porque puedo descubrir por mí mismo las cosas maravillosas de nuestra naturaleza puertorriqueña y puedo compartir esos conocimientos con la gente a quienes les cuento, con mi entusiasmo contagioso, las cosas que aprendo. Tal vez, lo más importante es que trato de convencerlos, muy veladamente, de que si yo puedo hacer algo, los que me escuchan o ven también pueden hacerlo, si se lo proponen y si sus circunstancias se lo permiten.

Irse al campo no es siempre fácil. Hay días en los que uno regresa a casa con poco más que algunos arañazos. Hubo tiempos en que llegar con una o dos cositas era motivo de alegría, como cuando uno va en pos de organismos raros o en la temporada incorrecta. Por eso, cuando salgo al campo voy con entusiasmo pero sin demandar nada de la naturaleza. Las experiencias maravillosas con las que me tope o que yo busque, ésas estoy preparado para recibir.

Por ejemplo, en marzo del 2009, estuve buscando milpiés y fui en una mala temporada. La presión profesional de completar el trabajo de investigación me hizo cometer un error serio que arruinó todo lo que había hecho hasta ese momento y me puse muy triste. A la tierna edad de 53, como si hubiese sido un nene, llamé a mami, a doña Ángeles, para desahogarme... En ese momento, me encontraba en el Barrio Camino Nuevo de Yabucoa, mirando a esa vista preciosa del pasaje de Vieques y de la Isla Nena cerca de lo que era la casa de unos amigos, don Félix y de doña Inés. Habría que comenzar de nuevo, habría que perseverar.

Decidí ponderar sobre lo que había sucedido. A medida que pasaba ese día, lleno de muy pocos éxitos, comencé a planear mi regreso. Para ser científico, hay que tener mucha tenacidad y no se pueden perder los estribos. No importa lo que esté buscando, gongolíes, escorpiones, otros artrópodos e invertebrados, resinitas de plantas, lo que sea, es siempre una aventura. Se ríe y a veces se llora, como todo en la vida, pero hay que tener la cabeza firmemente en los hombros, los pies en la Tierra y el corazón siempre lleno de esperanza de que la próxima vez será mejor. Es bueno salir al campo, perseverar, y descubrir el mundo por uno mismo.

LLAVE DE LOS MISTERIOS DEL SER HUMANO

Mónica I. Feliú Mójer

Hay quienes pasan sus días cultivando bacterias y levaduras, disectando mimes y observando gusanitos bajo el microscopio. Estos seres "excéntricos" son científicos que trabajan en departamentos biomédicos de las universidades más prestigiosas del mundo, descubriendo a través de estos organismos los secretos de la biología y del cuerpo humano. Aunque en primera instancia no hay parecido evidente entre usted y los mimes o ratones, la realidad es que usted se parece más a un mime de lo que cree. De hecho, en el genoma humano hay muchísimos genes similares, tanto en secuencia como en función, a genes presentes en el genoma del mime (si uno los cuantifica, ¡más de la mitad de los genes del mime son similares a los genes humanos!). Un ratón es genéticamente tan parecido al humano, que si miramos segmentos de ambos genomas a la vez, es difícil decir cuál es cuál.

La bacteria, la levadura, el gusano, el mime y el ratón, entre muchos otros, son utilizados como modelos experimentales. Un modelo experimental es una especie que se utiliza para estudiar un fenómeno biológico en particular.

En estos organismos se investiga una amplia variedad de fenómenos, desde la función de las moléculas hasta la causa para enfermedades, como la diabetes y el cáncer, y sus posibles tratamientos. Esta estrategia es posible gracias a la conservación de los procesos biológicos a través de la evolución.

Las células de todos los organismos vivientes funcionan bajo las mismas reglas básicas: hablan el lenguaje del ácido desoxirribonucleico (ADN); y las proteínas codificadas por este material genético le indican a la célula cuándo y cómo crecer, reproducirse, luchar contra el estrés y cuándo morir. La experimentación, utilizando organismos modelos, facilita grandemente el estudio de los fenómenos biológicos. Esto se debe, en gran medida, a que muchos de los estudios que se realizan en estos modelos serían muy difíciles, imposibles o poco éticos si se hicieran en seres humanos. ¿Qué hace que un organismo sea un buen modelo experimental? No hay un organismo que sea un modelo experimental perfecto, todo depende del problema que se quiera estudiar. Usualmente, un organismo se escoge según la facilidad de su manejo. Algunas características importantes son: tamaño, rapidez y facilidad de reproducción, técnicas de manipulación genética disponibles, conservación de mecanismos y procesos. Otro factor de relevancia es la similitud del organismo seleccionado con el sistema u objeto de investigación. Por ejemplo, el ratón se utiliza para el estudio de enfermedades neurológicas, debido a que estructuralmente su cerebro es parecido al de los humanos.

A pesar de que existen un sinnúmero de organismos modelos, cinco de ellos son los de uso más común: la bacteria (*Escherichia coli*), la levadura (*Saccharomyces cerevisiae*), el gusano nemátodo (*Caenorhabditis elegans*), la mosca frutera (*Drosophila melanogaster*) y el ratón (*Mus musculus*).

Escherichia coli es una bacteria que se encuentra comúnmente en el sistema gastrointestinal, pero gracias a ella en 1950 Watson y Crick descubrieron que el ADN es el material que codifica los genes de todos los seres vivos.

Saccharomyces cerevisiae es un tipo de hongo de una sola célula que además de permitirnos disfrutar de la cerveza y

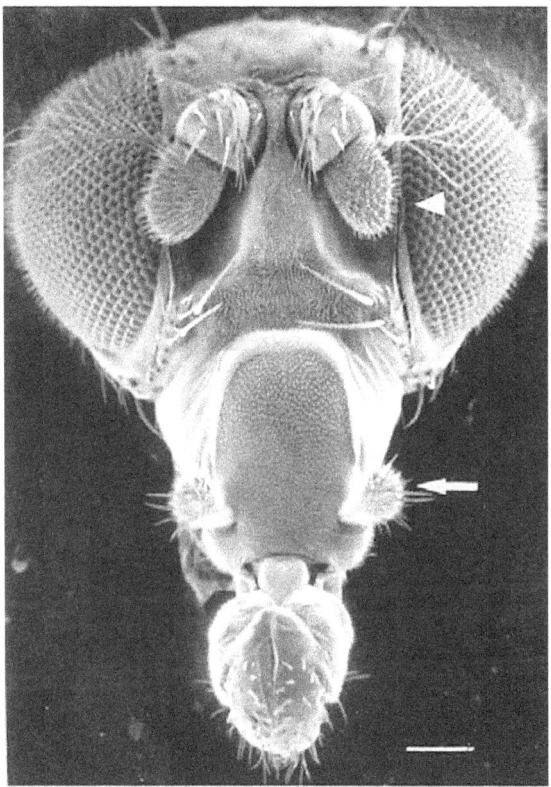

Imagen de la cabeza de la mosca frutera *Drosophila melanogaster,* obtenida a tráves de un microscopio electrónico. Este es un organismo modelo que se utiliza para entender procesos de biología básica de importancia para la salud humana. Foto cortesía del Dr. John Carlson de la Universidad de Yale, CT.

del pan, nos ha llevado a descubrir muchos elementos importantes para el ciclo y la división celular.

Caenorhabditis elegans es un pequeño gusano que ha ayudado a los científicos a entender cómo es que un organismo multicelular se desarrolla, entre otras cosas.

Drosophila melanogaster es una mosquita ampliamente utilizada en la genética. Gracias a este insecto, ocasionalmente

105

molestoso y al que muchos de nosotros llamamos mime, conocemos algunos genes que controlan el desarrollo de un embrión.

Mus musculus, el famoso rajiero es, de estos cinco modelos experimentales, el que está genéticamente más cercano al ser humano y nos permite estudiar fenómenos que van desde la obesidad hasta el cáncer.

Los avances de la medicina y la investigación biomédica jamás hubiesen sido posibles sin el uso de estos organismos como conejillos de Indias (que, de hecho, también es un modelo experimental). Así que, la próxima vez que vea a un ratón o un gusano, y piense que son sabandijas, recuerde que gracias a ellos algún científico está por descubrir algo importante.

CÉLEBRE PARA LOS CIENTÍFICOS LA *E. COLI*

Mónica I. Feliú Mójer

En el pasado, los brotes de la *E. coli* en espinacas y lechugas frescas provenientes de los Estados Unidos han dominado los titulares noticiosos. La *E. coli* es tristemente célebre por causar complicaciones gastrointestinales, meningitis infantil, fallo renal, infecciones del tracto urinario y hasta la muerte. A pesar de su mala reputación, la *E. coli* no es el monstruo que usted imagina. De hecho, en el mundo de las ciencias, la *Escherichia coli* (su nombre completo) es una adorada celebridad.

La bacteria *Escherichia coli* es parte de nuestra flora gastrointestinal. Mientras vive allí, nos protege de microbios y hongos patogénicos, previniendo que los mismos colonicen nuestro sistema digestivo. La *E. coli* tiene una relación simbiótica con los humanos: nosotros le proveemos a este microorganismo un hogar y comida; y, a cambio, la *E. coli* produce las vitaminas K y B12, que son esenciales para nuestra nutrición. Además, la *E. coli* produce una enzima, la lactasa, que contribuye a nuestra tolerancia y digestión de productos lácteos, como la leche, el yogurt y los quesos.

Si la *E. coli* vive en los intestinos, ¿qué hace en nuestras ensaladas? La *E. coli*, inevitablemente, sale de la vía intestinal con la excreta. Usualmente, ese proceso natural no afecta

107

a nadie. Sin embargo, cuando no hay buenos controles higiénicos en el procesamiento de alimentos, en especial aquellos que provienen del ganado, la *E. coli* puede terminar en nuestros alimentos.

Además de ser un valioso inquilino de nuestras entrañas, la *E. coli* también es un importante organismo modelo para estudios científicos. Los científicos conocen la biología de la *Escherichia coli* mejor que la de cualquier otro organismo viviente. Esta bacteria ha sido desde el comienzo el modelo experimental predilecto de los microbiólogos, en gran parte debido a que no necesita nutrientes muy complejos para crecer y a que se reproduce con gran rapidez. En condiciones óptimas, la *E. coli* se divide cada 20 minutos. La popularidad de la *E. coli* se disparó en la década de 1950, cuando los científicos decidieron adoptar una estrategia reduccionista para estudiar los procesos biológicos básicos en el organismo más simple que pudiesen encontrar.

La experimentación con la *E. coli* ha arrojado luz sobre cómo funciona la maquinaria básica de una célula. Gracias a esta bacteria, conocemos los mecanismos de transporte celular, cómo una célula produce energía y cómo la célula sintetiza moléculas vitales, entre muchos otros fenómenos biológicos. Estos descubrimientos pueden ser aplicados a células de otros organismos como los seres humanos.

Sin la *Escherichia coli*, la revolución científica más importante del siglo XX, la era de la genética, jamás hubiese ocurrido. En esta bacteria se ha descubierto mucho de lo que conocemos sobre el funcionamiento de la maquinaria genética de la célula: de qué están compuestos los genes, cuál es el código genético, cómo se duplica el ADN (ácido desoxirribonucleico), los mecanismos de reparación del ADN, cómo se controla la expresión de los genes, entre muchos otros descubrimientos.

Hoy en día la *E. coli* no sólo mantiene su popularidad como organismo modelo experimental, sino que se ha convertido

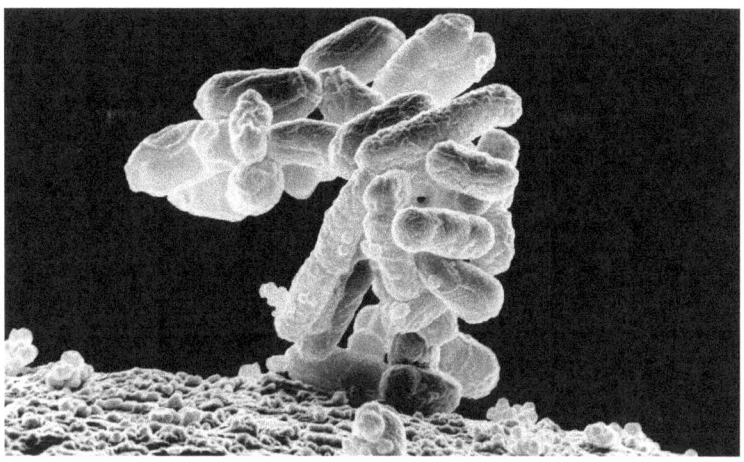

Organismos como la bacteria *Escherichia coli* son modelos para entender cómo funcionan las células procariotas. Foto cortesía del Departamento de Agricultura de los Estados Unidos (USDA).

en una herramienta indispensable para la biotecnología y la ingeniería genética. La *E. coli* produce las endonucleasas de restricción y la ligasa, enzimas que son como las tijeras y la pega, respectivamente, que permiten la generación del ADN recombinante, que a su vez permite la clonación de genes.

Y es gracias a las maravillas de la clonación de genes, que la industria biotecnológica puede utilizar a la *E. coli* para fabricar moléculas que se usan en el tratamiento médico de varias enfermedades. La insulina humana (mejor conocida en el mercado como Humulin), que se inyectan miles de diabéticos boricuas a diario, es producida a gran escala en la pequeña *Escherichia coli*. Otras proteínas que son sintetizadas a gran escala en la *E. coli* son la hormona de crecimiento humano, anti-coagulantes y somatostatina.

La *E. coli*, residente intestinal que se nutre de las partes más indeseables de nuestras dietas, es también un microbio de gran valor nutricional, médico y económico para nuestra sociedad. Desde la pared intestinal hasta los tubos de ensayo, este indispensable microbio es de gran beneficio en casi todos los contextos... excepto en la ensalada.

VERSÁTIL LA LEVADURA

Verónica Aimeé Segarra

Tomarse una cerveza bien fría y comerse un pedacito de pan sobao acabadito de hacer, son dos placeres imposibles de degustar si no existiera la levadura. Se estima que desde hace más de cinco milenios, los seres humanos han estado utilizando la levadura como ingrediente para confeccionar alimentos y bebidas que nos hacen la vida más llevadera y alegre. La levadura es un tipo de hongo microscópico compuesto por una sola célula. Uno de los métodos que esta célula utiliza para alimentarse y generar energía a partir de azúcares se conoce como fermentación. Como resultado de la fermentación, la levadura produce etanol (un tipo de alcohol líquido) y dióxido de carbono (compuesto gaseoso). Es la secreción de estos dos productos lo que hacen a este organismo útil en la preparación de bebidas alcohólicas, que contienen etanol, y alimentos horneados, como el pan, cuyas masas se expanden a causa de la secreción del dióxido de carbono. ¿Quién iba a decir que un organismo de unos cuantos micrómetros de diámetro tendría un rol tan importante en nuestra vida diaria?

La importancia de la levadura trasciende la producción de alimentos y bebidas. *S. cerevisiae*, su nombre científico, es un organismo muy importante dentro de las ciencias biológicas experimentales. Por su parecido a la célula animal, la célula de levadura se utiliza como modelo para investigar, a nivel molecular, circuitos y sistemas biológicos que son de importancia vital para el funcionamiento de los seres vivos. Uno de los procesos biológicos que la ciencia ha llegado a conocer mejor, gracias a la investigación experimental en la *S. cerevisiae*, es el ciclo de vida de la célula eucariota. Este ciclo es el proceso por el cual una célula crece y se divide en dos. Dentro de todos los descubrimientos realizados con la *S. cerevisiae*, se destacan aquellos que nos han permitido tener un mejor entendimiento de los mecanismos moleculares del cáncer.

Uno de los rasgos característicos de las células cancerosas es que se multiplican de una manera descontrolada, formando tumores. Por medio del estudio del contenido genético y bioquímico de las células defectivas de levadura que, de igual manera, crecen descontroladamente, se ha podido llegar a entender el funcionamiento de varias proteínas que juegan un papel clave en mantener el proceso de crecimiento celular bajo control. Tres de estas clases de proteínas se conocen como ciclinas, quinasas y fosfatasas. Ellas también han resultado ser reguladoras del crecimiento en las células mamíferas.

Mutaciones en la secuencia de los aminoácidos que componen a estas proteínas reguladoras pueden cambiar sus propiedades funcionales y alterar su control sobre el ciclo de crecimiento de la célula. De hecho, el que una célula posea proteínas reguladoras defectivas puede causar que ésta crezca y prolifere excesivamente. Este tipo de evento, a su vez, podría marcar el comienzo de la formación de un tumor. El conocimiento detallado de estas mutaciones y estas proteínas defectuosas y sus funciones también está ayudando en el desarrollo de tratamientos contra el cáncer.

A todas luces, la levadura está muy lejos de ser un organismo inútil. No tan sólo le permite a nuestro paladar darse un gustazo de vez en cuando, sino que ha revelado mucho del conocimiento biocelular con el cual contamos hoy día.

LOS NEMÁTODOS INFORMAN SOBRE EL CEREBRO

Daniel A. Colón Ramos

Cada vez que se acercan las navidades, regreso al suelo patrio a pasar las fiestas con mis seres queridos. Durante estas visitas, entre pasteles, juegos de dominó y coquitos, por lo general surgen dos temas de conversación recurrentes: los "Te ves más gordito", y el "Cuéntame qué estás haciendo por Connecticut".

Es este segundo tema de conversación el que me pone a sudar, dado que esta pregunta anual viene "preñá" de picardía, y como si no me hubiesen preguntado el año anterior, cae el hacha: "Entonces, me dice tu mai que estás por 'los Niuyores', disectando dizque cerebros de gusanitos. Explícame bien, que creo que yo necesito algo de esos avances médicos que tú estás haciendo por allá". Y ahí empieza el vellón, para el cual no hay defensa que valga.

Así que este año decidí salir a la ofensiva. Admito que paso mi vida pensando en nemátodos, pequeños gusanitos no más grandes que las comas en este artículo. Pero no soy el único: miles de científicos en el mundo dedican sus vidas a entender la biología de este singular organismo, conocido en los ámbitos científicos como *C. elegans*. Mas no siempre fue así.

Todo comenzó en los años sesenta, cuando el sudafricano Sydney Brenner decidió que la pregunta más fascinante de

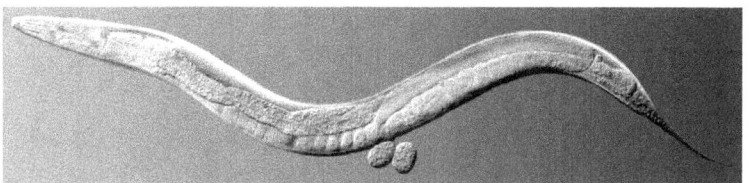

El cerebro del nemátodo *Caenorhabditis elegans* es muchísimo más simple que el cerebro humano, pero estudios en este organismo nos ayudan a entender cómo funciona el cerebro humano. Foto cortesía de la Dra. María Gallegos de California State University, Hayward, CA.

la biología era el cómo un organismo pasaba de una célula (en el momento de la concepción) a un organismo multicelular con tejidos especializados, como los tejidos nerviosos. Y decidió utilizar un organismo modelo simple para contestar esa pregunta compleja.

Su lógica fue clarísima: para determinar qué va mal en una enfermedad, primero hay que discernir cómo funciona la biología normalmente. Y para discernir cómo funciona la biología en animales complejos, como el ser humano, hay que entender cómo estas preguntas de biología básica funcionan en organismos simples, como el nemátodo.

Y su lógica dio en el clavo. En los pasados nueve años, seis biólogos, incluyendo al mismo Brenner, han conquistado el Premio Nobel en Fisiología y Medicina por sus trabajos en nemátodos. Los mencionados biólogos han hecho sorprendentes descubrimientos en nemátodos, y estos descubrimientos son relevantes para la fisiología humana. Esto se debe a que la evolución ha conservado muchos de los genes que controlan los procesos básicos de la biología animal, desde los gusanos hasta los seres humanos.

Mi línea de investigación respecto a los nemátodos consiste en estudiar cómo se desarrolla el cerebro. El cerebro humano tiene sobre 100 billones de neuronas, las cuales se conectan unas con las otras para formar circuitos nerviosos. Dichos circuitos nerviosos nos permiten percibir informa-

113

ción sensorial, dan paso al comportamiento humano y se modifican cuando aprendemos. Cómo el cerebro se desarrolla, cómo cambia con las experiencias, cómo guarda memorias y cómo se enferma son procesos que no entendemos todavía. El cerebro del nemátodo es muchísimo más simple que el cerebro humano. En vez de tener 100,000 millones de neuronas, los nemátodos tienen 302 neuronas. Sin embargo, estas 302 neuronas le permiten al nemátodo sobrevivir frente a los depredadores, encontrar comida, reproducirse, acordarse de experiencias y hasta aprender. Al estudiar cómo se forma y cómo funciona el cerebro del *C. elegans*, espero contribuir a entender cómo el cerebro de usted, distinguido lector, es capaz de procesar estímulos visuales, en forma de letras en este artículo, lo cual permite la formación de nuevos conocimientos sobre cómo un gusanito me ayudará a entenderlo a usted.

DA RESPUESTAS EL GENOMA DEL MIME

Mónica I. Feliú Mójer

Antes de exterminar a esos molestosos mimes que infestan su cocina, sobrevolando y devorando esos guineos pasaditos de fecha, quizás le parecería interesante saber que el mime es el animalito más estudiado por la biología moderna. Científicos locos, pensará usted. ¿Por qué pierden el tiempo estudiando estos insectos?

El mime, que en realidad es una mosca frutera (*Drosophila melanogaster*), tiene todas las características básicas que le hacen un organismo modelo por excelencia: es pequeño (sólo mide un octavo de pulgada), su reproducción toma un promedio de 11 días; se conoce la secuencia de su genoma, y sus genes no solamente son fáciles de manipular, sino que en la mayoría de los casos los efectos de estas mutaciones son fáciles de apreciar.

A pesar de las obvias diferencias entre usted y una mosca frutera, el *Homo sapiens* y la *Drosophila melanogaster* sí se parecen en lo que es importante para la ciencia: los genes. El 50% de los 13,600 genes del mime son similares a los del humano, lo cual permite estudiar mutaciones relacionadas con una variedad de enfermedades humanas, como el cáncer y el Alzheimer.

Existen miles de mutaciones documentadas en la *Drosophila*: moscas con ojos blancos, rosados o violetas; moscas con alas cortitas, alas miniaturas o sin alas; moscas peludas y calvas; moscas con patas en la cabeza y ojos en las patas; moscas amnésicas y moscas borrachinas, entre muchas otras.

Aunque suenen como personajes kafkianos, la realidad es que todas estas moscas mutantes han ayudado a los científicos a conocer la función de muchos genes. La lógica es simple: la mejor manera de conocer la función de un gen es viendo qué sucede cuando éste está defectuoso o simplemente ausente.

La mosquita frutera ha ayudado a probar uno de los paradigmas básicos de la evolución: cuando la naturaleza encuentra un mecanismo que funciona, lo utiliza una y otra vez. Utilizando la *Drosophila melanogaster* como organismo modelo experimental, los científicos han comprendido que los mecanismos genéticos fundamentales que controlan el desarrollo embrionario son bien parecidos en todos los organismos.

Uno de los mejores ejemplos de conservación evolutiva son los genes homeobox. Los genes homeobox son un grupo de genes involucrados en el control del desarrollo, la segmentación y el plan corporal de un embrión. Este grupo de genes codifica ciertas proteínas que le indican a las células de un embrión dónde formar y colocar patas, manos, ojos, antenas, alas, cabeza y otras partes del cuerpo.

En 1995, Lewis, Nüsslein-Volhard y Wieschaus ganaron el premio Nobel en Fisiología y Medicina, por sus descubrimientos sobre el control de los genes homeobox sobre el desarrollo embriónico, utilizando la *Drosophila* como modelo experimental. Aunque los genes homeobox fueron descubiertos en la *Drosophila*, los genes de este grupo son casi idénticos en todas las especies animales, incluyendo los humanos. De hecho, muchos de los genes estudiados por Lewis, Nüsslein-

Volhard y Wieschaus tienen funciones importantes en el desarrollo del feto humano.

Se cree que las mutaciones en los genes homeobox son responsables de la mayoría de los abortos naturales y de hasta el 40% de las malformaciones congénitas. Un ejemplo de una condición causada por una mutación en un gen homeobox es la polidactilia, la presencia de más de cinco dedos en las manos o los pies.

La próxima vez que vea los mimes rondando sus alimentos, no deje que se posen sobre ellos; es muy cierto que estos insectos a veces se posan en lugares no muy higiénicos. Sin embargo, considerando las enormes contribuciones de la *Drosophila* al mundo de la ciencia y la medicina, quizás una espantadita sea suficiente.

ALIADO EL RAJIERO EN LA LUCHA ANTICÁNCER

Mónica I. Feliú Mójer

Los seres humanos hemos compartido –aunque no voluntariamente– nuestros hogares y alimentos con los ratones por miles de años. También compartimos con ellos gran parte de nuestros genes. Visto a través del lente de la genética, los ratones y los humanos son un poco más que vecinos: son casi primos.

Cierto, los humanos no somos peluditos ni andamos en cuatro patas ni roemos todo lo que cruza nuestro camino. Pero, gen por gen, los seres humanos son muy parecidos a los ratones.

Los ratones, al igual que los humanos tienen alrededor de 40 mil genes compuestos por aproximadamente 3,000 millones de pares de ácidos nucleicos que componen el ADN genómico. Por ende, la diferencia más significativa entre ambas especies no estriba en el número total de genes, sino en la estructura de estos genes y las proteínas que estos genes codifican.

Sin embargo, son tantas las similitudes, que los ratones son utilizados como el modelo experimental número uno para estudiar procesos básicos de la biología humana, que van desde las predisposiciones genéticas para el cáncer y la obesidad, hasta cómo aprendemos y recordamos.

En los últimos 30 años el ratón (*Mus musculus*), que los puertorriqueños conocemos como rajiero, se ha convertido en una de las herramientas más poderosas de la investigación biomédica. Gracias a los avances de la ingeniería genética, hoy día los científicos son capaces de manipular el genoma del *Mus musculus*, eliminando, introduciendo y mutando genes. Existen miles de estos ratoncitos transgénicos, con manipulaciones genéticas "hechas a la medida", que sirven, no sólo para estudiar la función de diversos genes, sino el rol que tienen los mismos en una gran variedad de enfermedades. Una de las enfermedades de mayor preocupación para la medicina moderna es el cáncer. En el 2007 se estima que, a escala mundial, hubo 12.3 millones de muertes relacionadas con esta enfermedad. El cáncer es la segunda causa principal de muerte entre los puertorriqueños.

El cáncer es un grupo de enfermedades caracterizadas por el crecimiento desmedido de células anormales. Estas anormalidades celulares y el crecimiento desmedido ocurren a consecuencia de daño al ADN. Dado el gran parecido genético entre el ratón y el humano, dicho roedor es un arma poderosa para investigar los mecanismos moleculares de esta devastadora enfermedad y los posibles tratamientos para combatirla.

En el año 1989 se identificó un gen, conocido como p53, como el gen más comúnmente mutado en los casos de cáncer humano. Cuatro años más tarde, los científicos crearon un ratón carente –o 'knockout'– de este gen para poder estudiar las funciones del p53 y cómo éste se relaciona con el cáncer.

Gracias al ratón 'knockout' del p53, se conocen algunos de los mecanismos que convierten al p53 en el "guardián del genoma". Este gen es un supresor de tumores. Cuando el ADN de una célula se daña, la proteína codificada por p53 detiene el ciclo celular y activa mecanismos para reparar el ADN o le

119

envía una señal a la célula para que se autodestruya, evitando que se dividan las células que contienen ADN dañado o mutado, y ayudando a prevenir el crecimiento de tumores. Utilizando el ratón 'knockout' de p53, los científicos han descubierto que la ausencia de este gen predispone a los ratones a desarrollar cáncer durante las primeras semanas de vida, por lo que este animalito se ha convertido en un excelente modelo para estudiar el cáncer de seno, osteosarcoma (un tipo de cáncer en los huesos), tumores cerebrales, cáncer del pulmón y del colon, entre otros.

A cambio de todos los dolores de cabeza que nos causan, los ratones trabajan incansablemente día a día en el laboratorio para darnos un gran regalo: ayudarnos a entender la biología humana, cómo ocurren ciertas enfermedades y descubrir posibles tratamientos para éstas.

CUCARACHAS, UN MODELO DE LA MENTE

Daniel A. Colón Ramos

En nuestro pintoresco viejo San Juan existe un antiguo edificio ubicado en una de los parajes más preciosos del área. Frente al Cuartel de Ballajá y a un costado de El Morro, la singular estructura arquitectónica, que cuenta con su propia garita, forma parte de la histórica muralla de San Juan, que una vez nos protegió de piratas e invasores. Su fachada es más similar a la de un museo o una vieja casona, y no delata que su sótano está cundido de cucarachas.

No, no estamos hablando de un edificio abandonado. Nos referimos al prestigioso Instituto de Neurobiología de la Universidad de Puerto Rico.

En el sótano del Instituto, científicos de renombre mundial conviven con una de las colonias de cucarachas más grandes del Nuevo Mundo. Cientos de miles de sabandijas se arrastran por los pisos, paredes y techo, acabando con todo lo que encuentran a su paso y multiplicándose impunemente.

Pero los investigadores del Instituto de Neurobiología no podrían estar más contentos. Gracias a esta saludable colonia de cucarachas, la ciencia está cada vez más cerca de entender cómo funciona el cerebro humano.

"¿Perdón?" –dirá usted–. "¿Pero qué tienen que ver miles de cucarachas con el cerebro humano? ¿Por qué los investigadores, en vez de perder el tiempo en sus excentricidades, no se ponen a estudiar cómo exterminar las cucarachas de una vez y por todas? Y, sobre todo... ¿cómo es posible que el cerebro humano, autor de incontables obras magistrales en las letras y en la ciencia, hogar de la mente y la conciencia sea comparado con... una sabandija?" Bueno, sin intención de insultar a los distinguidos lectores, les informo que la comparación del cerebro humano no se limita a las sabandijas. Los rajieros, las ranas, los gusanos y las sanguijuelas también nos han ayudado a entender cómo funciona el cerebro humano. Y a pesar de que la comparación puede parecer, en primera instancia, risible, es el uso de organismos como los mencionados, conocidos como organismos modelos, lo que ha ayudado a impulsar la revolución de las ciencias biomédicas en los últimos cuarenta años para beneficio de la humanidad.

El comparar el sistema nervioso humano con el de una cucaracha parece, *prima facie*, tan ridículo como estudiar el cáncer en una levadura. La levadura es un organismo de una sola célula, que nunca ha sufrido, y nunca sufrirá, de cáncer. Sin embargo, el Premio Nóbel en fisiología y medicina en el 2001 se les concedió a tres científicos por sus descubrimientos que han ayudado a entender parte de la base biológica del cáncer. Y estos grandes descubrimientos se lograron en su mayoría en las levaduras. Leland Hartwell, Timothy Hunt y Paul Nurse recibieron el Premio Nobel en el 2001 por sus descubrimientos sobre la mitosis, o el proceso mediante el cual las células se dividen. Entender el proceso de la mitosis es importantísimo para nuestros conocimientos de la biología básica: después de todo, cada uno de nosotros fue un organismo unicelular en el momento de la concepción, y todos los seres vivientes están compuestos por células que tiene que dividirse. Utilizando esta lógica, dichos científicos concentraron sus esfuerzos en entender cómo y cuándo la levadura decide dividirse. Ellos le apostaron a la evolución, y ganaron en grande: le apostaron al hecho de que todos los organismos vivientes, desde la levadura hasta el ser humano, compartimos una biología básica común, y que ciertos procesos elementales, como la división celular, son compartidos por todos los que compartimos una raíz evolutiva. Por ende, decidieron concentrar sus trabajos de división celular en un organismo más simple: la levadura. Sus hallazgos en este organismo tuvieron repercusiones inimaginables: gracias a sus trabajos, hoy día entendemos enfermedades como el cáncer y estamos más cerca de encontrarle una cura. El cáncer ocurre cuando las células se dividen descontroladamente, formando masas celulares, conocidas como tumores, que resultan ser nefastas para el organismo. A pesar de que la levadura nunca tendrá cáncer, este organismo modelo ayudó a la humanidad a descifrar los misteriosos procesos que ocurren en nuestras propias células y que, cuando no funcionan apropiadamente, dan paso a enfermedades como el cáncer.

No hay un organismo modelo perfecto, todo depende del problema científico. Pero todos los organismos modelos comparten el hecho de que facilitan el estudio de una pregunta que sería muy complicada estudiarla en otros sistemas, como el ser humano. Los trabajos científicos en los organismos modelos nos permiten realizar hallazgos en cortos periodos de tiempo que tomarían años, décadas o serían simplemente imposibles de realizar en un ser humano. Estos estudios en organismos modelos nos permiten avanzar a pasos agigantados en el entendimiento de nuestra propia biología y en la aplicación de estos conceptos en descubrimientos médicos.

Si tomamos, por ejemplo, los estudios sobre el funcionamiento nuestra mente, encontramos en primera instancia la complejidad del problema que enfrentamos: el cerebro humano consiste en sobre 100 billones de neuronas que forman sobre 100 trillones de conexiones entre sí. Para darle una idea de la magnitud de ese número, hay más neuronas en su cerebro que estrellas en la Vía Láctea. Las 100 trillones de conexiones que forman las neuronas en su cerebro dan paso a los complejos comportamientos de los cuales somos capaces los seres humanos. Estos circuitos son lo que le permiten a usted, y al resto de nosotros, la mayoría de los reflejos e instintos que ayudaron a nuestros ancestros a sobrevivir por milenios, desde los más simples y primitivos, como el reflejo de huir o defenderse cuando uno está en peligro, hasta los más complejos y misteriosos, como el aprender, el recordar y el amar.

¿Pero, cómo es que esta compleja masa de neuronas da paso a la mente humana? Y con 100 billones de neuronas por estudiar... ¿dónde empezar? Quizás no sea intuitivo, pero la cucaracha es un buen sitio. Los circuitos del sistema nervioso de la cucaracha son mucho más simples que los que encontramos en el cerebro humano; sin embargo, los mecanismos biológicos que dan paso a la formación de estos circuitos son muy similares entre cucarachas y los humanos. Es por esa razón que el Dr. Jonathan Blagburn, del Instituto de Neurobiología, escogió a la cucaracha como organismo modelo para estudiar cómo se forman los circuitos nerviosos.

Utilizando esa misma lógica, los científicos del prestigioso Instituto de Neurobiología de la Universidad de Puerto Rico, reconocido en todo el mundo por sus avances y descubrimientos en la función y el comportamiento de las neuronas, han escogido una gran diversidad de organismos que los ayudan a comprender cómo funciona el sistema nervioso en el reino animal. Ranas, lapas de mar, calamares, anémonas, roedores, coyuntos, buruquenas y cucarachas forman parte del interesante grupo de organismos modelos que contribuyen a diario al entendimiento de nuestro sistema nervioso.

LA FERIA CIENTÍFICA: TU PRIMERA EXPERIENCIA EN INVESTIGACIÓN

Wilfredo E. De Jesús Monge

Durante tus estudios en la escuela, tomas algunas clases de ciencia. La palabra en español *ciencia* proviene de la palabra en latín *scientia*, que significa conocimiento. A su vez, las ciencias generalmente se dividen en tres grupos: sociales (estudian el comportamiento humano y la sociedad), formales (matemáticas y lógica) y naturales. Las ciencias naturales estudian el universo, obedeciendo las reglas o leyes de la naturaleza. Posiblemente has estudiado o estudiarás tres campos de ciencias naturales: biología (estudia los seres vivos), química (estudia la materia) y física (estudia los componentes del universo y sus interacciones).

Seguir el método científico es importante para estudiar las ciencias naturales de una manera organizada y así contestar válidamente una pregunta de interés. El método científico es una serie de pasos para investigar fenómenos observables y obtener nuevo conocimiento. Éste comienza con la observación de algún fenómeno de interés. Alternativamente, puedes tener la necesidad de mejorar algo o resolver un problema.

Basado en esto, haces una revisión de la literatura (ya sean libros o artículos científicos) para saber qué han escrito otras personas sobre el fenómeno o problema que te interesa. Esto te puede llevar a hacer una pregunta de por qué o cómo ese fenómeno ocurre o cómo puedes mejorar una situación o resolver un problema. Entonces piensas en una hipótesis o explicación tentativa para contestar tu pregunta. Para apoyar o descartar tu hipótesis, planificas un experimento cuyos resultados te informen si tu hipótesis es correcta o no. El experimento te debe dar unos resultados que sean similares cada vez que el experimento sea repetido bajo las mismas condiciones por ti u otra persona. Luego harás un análisis en el que interpretas esos resultados, y llegarás a una conclusión en la que explicas si confirman o no tu hipótesis para contestar tu pregunta.

La feria científica es la exhibición de muchos proyectos que utilizan el método científico, mayormente en las ciencias naturales. Los proyectos pueden ser realizados por uno o más estudiantes. Este es un evento que se realiza en muchas escuelas como parte de la aplicación de los conocimientos aprendidos en tus clases de ciencias naturales. Usualmente se premian los proyectos más sobresalientes, y luego se presentan en otras ferias científicas como una competencia con los mejores proyectos de otras escuelas, pueblos, Puerto Rico y Estados Unidos.

Participar en una feria científica puede ser tu primera experiencia como investigador en ciencias naturales. Es una gran oportunidad para conocer otros compañeros de otros lugares y con otras experiencias, que comparten contigo el mismo interés por la ciencia. También conoces a los jueces de la feria, que pueden ser profesores o investigadores de ciencias naturales de la universidad o de compañías privadas que ofrecen su tiempo voluntariamente para evaluar los proyectos. Ellos te pueden ayudar y orientar a la hora de escoger tu futuro profesional en el campo de las ciencias. La ayuda de tus padres o de un adulto podría ser necesaria, especialmente si el experimento requiere hacer cosas con su supervisión para que no te hagas daño. A la vez, este es un

Los proyectos de feria científica deben aplicar el método científico. Foto cortesía del Departamento de Agricultura de los Estados Unidos (USDA).

momento en el que puedes compartir con ellos para fortalecer la unión familiar.

En mi experiencia como juez de feria científica, he visto muchos proyectos interesantes, muy elaborados y en los que puedo corroborar el rol principal del estudiante a la hora de hacer el proyecto. Algunos temas de proyectos de feria científica pueden ser: el uso de recursos naturales (sol, agua o viento) como fuentes de energía alternativa; la influencia de variables tales como la temperatura, la luz solar, el ruido o la lluvia ácida en el crecimiento de plantas o el sostenimiento de vida; y el análisis de nuevos diseños de artículos de uso común para hacerlos más fáciles de utilizar o mejorar su funcionamiento (instrumentos musicales, bombillas de luz, por ejemplo). Otros temas de proyectos incluyen la construcción casera de artículos de uso común (hornos de cocinar, por ejemplo) y los efectos de ciertas condiciones en el comportamiento de los seres vivos (música, por ejemplo), entre otros.

Los jueces de feria científica evalúan los proyectos de manera uniforme, y consideran la presentación visual organizada, la disponibilidad de la información que reflejan el método científico y tu habilidad para explicar claramente de qué trata tu trabajo. Generalmente, los jueces enfocan su evaluación en cuatro áreas principales.

Primero, que la observación o el problema sea creativo, original e interesante y que resulte en conocimiento nuevo. Segundo, que tengas el conocimiento para que puedas explicar claramente el tema de tu proyecto, su alcance, sus limitaciones, y qué nuevas preguntas surgieron de tu investigación que tú o alguien podría estudiar en el futuro. Tercero, que la aplicación del método científico haya sido apropiada: que la revisión de la literatura sobre la observación o el problema sea completa, que la pregunta se derive directamente de una observación o un problema, que la hipótesis busque responder a la pregunta, que el experimento sea adecuado para responder a la pregunta y probar la hipótesis, que haya un adecuado análisis de los resultados y que la conclusión se base en este análisis.

En cuarto lugar, que demuestres evidencia sólida de los resultados de tu estudio, presentando una libreta con apuntes diarios de cada paso realizado del método científico, incluyendo resultados obtenidos. Por eso, la libreta es uno de los elementos más importantes de una investigación científica. Además, que presentes un reporte escrito del proyecto que incluya una lista con las fuentes de información consultadas.

Un exitoso proyecto de feria científica es original, interesante, realizado siguiendo correctamente el método científico y resulta en conocimiento nuevo. A la vez, debe ser presentado de una forma clara y organizada. De esta forma, haces más relevante y útil la información que aprendes en tus clases de ciencias. Mientras haces un proyecto de feria científica, ya eres un investigador o una investigadora de verdad.

TEMPORADA DE FERIA CIENTÍFICA

Wilson J. González Espada

Durante la primavera muchos estudiantes de escuela pública y privada participarán en proyectos de feria científica. Vamos a discutir la importancia de estos proyectos y presentar algunas sugerencias para que los estudiantes tengan una mejor oportunidad de lograr un proyecto exitoso y educativo.

Trabajar en un proyecto de feria científica tiene sus ventajas. En primer lugar, el estudiante trabaja en un tema de interés para sí o para la comunidad. En el pasado, algunos proyectos han marcado una diferencia en la comunidad o han creado conciencia sobre un problema ambiental.

En segundo lugar, el proyecto científico le permite al estudiante aplicar lo que aprendió en el salón de clase y extender su conocimiento en un asunto en particular. El estudiante se convierte, por tanto, en un experto en cierta área de la ciencia.

En tercer lugar, la autoestima del estudiante crece cuando se da cuenta de que su arduo trabajo rindió frutos. Además, el estudiante desarrolla la habilidad para hablar en público, ya que tiene que presentar su proyecto a otros estudiantes, maestros, familiares, y lo tiene que defender ante las preguntas del comité de evaluadores o jueces científicos.

A través de mi trabajo como juez de feria científica por casi diez años, he visto proyectos excelentes, buenos, mediocres y terribles. Sigue estas sugerencias para que tu proyecto no sea uno del montón y logres excelentes evaluaciones:

Selecciona un tema que te guste y que te apasione. Un juez científico se da cuenta rápido cuando un estudiante no demuestra verdadero interés y pasión en el proyecto que presenta.

Visita tu biblioteca universitaria más cercana para hallar qué investigaciones han sido realizadas por otros científicos sobre tu tema. Esta revisión de la literatura es esencial para evitar cometer los errores de otros y te ayuda a formular una mejor hipótesis.

Escoge un experimento, no importa si aparenta ser simple. A nivel de escuela intermedia o superior, los proyectos que sólo incluyen resúmenes de información obtenida en una enciclopedia o internet suelen estar en desventaja si los comparamos con proyectos experimentales.

Evita copiar un experimento idéntico a uno que encontraste. Cambia una de las variables o añade algo diferente para que el experimento sea único. Si tu experimento es único, podrías hallar nuevos resultados que nadie ha visto antes.

Desarrolla tu hipótesis. Una hipótesis es un parrafito que establece lo que tú crees que va a pasar en tu experimento y por qué. El por qué normalmente incluye resultados de estudios previos. Recuerda que tu meta es confirmar o rechazar tu hipótesis. No te creas que porque tu hipótesis no resultó ser correcta, perdiste tu tiempo. La ciencia avanza hacia la explicación correcta al descubrir las explicaciones que no son correctas.

Determina qué variables tú vas a manipular o cambiar (variables independientes) y qué otras variables se afectarán por tu intervención (variables dependientes). Tu meta es establecer qué tipo de relación, si alguna, existe entre las variables independientes y las dependientes. Recuerda además identificar qué variables no cambian en lo absoluto a lo largo del experimento (variables de control). Si no se controlan, estas variables pueden afectar tus resultados y llevarte a una conclusión incorrecta.

Utiliza múltiples muestras. Si vas a experimentar con plantas, no uses sólo una, sino cinco o diez. Recuerdo un proyecto de un estudiante que tenía una sola plantita y se le murió a mitad de experimento. Tuvo que repetir días de trabajo para poder rehacer su experimento y presentarlo.

Busca ayuda y consejería. Si necesitas un equipo o aparato experimental más complicado, o quieres trabajar en un área de la ciencia que tu maestro no conoce bien, un científico profesional (de la empresa privada o empleado de gobierno) o un profesor universitario puede ser de gran ayuda. Muchos de ellos estarán más que contentos de ayudar a un estudiante interesado en la ciencia. Un excelente recurso es la página de internet de CienciaPR (http://www.cienciapr.org). Allí puedes contactar científicos con experiencia en tu tema de investigación.

Mide y usa estadísticas. A nivel de escuela intermedia o superior, los proyectos que incluyen algún tipo de medidas tienen ventaja sobre aquellos proyectos que son más descriptivos. Una vez tengas todos tus datos, existen páginas en el internet que, sin cargo alguno y de manera sencillísima, pueden analizar los datos estadísticamente. Si no estás seguro de qué tipo de estadísticas debes usar, pregúntale a tu maestro de matemáticas.

Usa fotos, gráficas, tablas y diagramas para resumir la información del proyecto. Las imágenes educan más que las palabras.

Cuando hayas analizado tus datos y terminado con tu experimento, tienes que preparar un tablón de exhibición (*display*), usualmente en madera o cartón, para presentar tu proyecto. Usa colores vivos y escribe con letra grande y legible, preferiblemente en computadora.

Preséntale tu proyecto a amigos y familiares. Esto te ayudará a practicar qué decir sobre tu proyecto y te dará una idea de las preguntas que los jueces científicos podrían hacer.

Finalmente, no le tengas miedo al juez científico. El juez está allí para evaluar el proyecto, señalar sus fortalezas y las áreas que necesitas mejorar. No hay proyecto perfecto. Toma nota, ya que puedes expandir y mejorar tu proyecto para el próximo año. ¡Mucha suerte!

¿LO ARREGLO O LO DESCARTO?

Wilson J. González Espada

Imagínese esto: ya su carrito tiene casi diecisiete años de "experiencia" y está dando algunos problemitas. El carro necesita un tren delantero nuevo, tiene moho hasta en los cristales, la transmisión patina como loseta enjaboná y deja un charco de aceite de motor cada vez que lo estaciona. Se acerca el momento de la gran decisión. Puede arreglar el carro y seguirlo usando por unos añitos más, por aquello de no perder la inversión y evitarse una cuenta nueva. ¡Ah, caray!, pero cada vez que anuncian carros nuevos en la televisión, se babea como un infante y casi siente el olorcito a carro nuevo en las narices. ¡El carro viejo pa'l "junker"!

Como vemos, no existe una decisión correcta para todos los casos. Algunas personas mantienen bien los carritos viejos, mientras otras prefieren cambiar de carro cada cinco años. Ese fue exactamente el dilema que enfrentó la NASA recientemente, con el agravante de que estamos hablando de una "cuentita" de billones de dólares.

El telescopio espacial Hubble, operando exitosamente desde 1990 (excepto al principio, cuando tuvieron que repararle en órbita para que las imágenes se vieran más claras), ha sido uno de los instrumentos más importantes en la historia de la astronomía. Contrario a los telescopios terrestres, el telescopio Hubble orbita alrededor del planeta, lo que evita que la atmósfera nuble las imágenes que se obtienen.

Gracias a este sofisticado instrumento, los astrónomos han logrado entender mucho mejor cuál es la edad del universo, unos 13,700 millones de años, y que el universo continúa expandiéndose a un ritmo acelerado. También han descubierto que casi todas las galaxias tienen en su centro un "agujero negro", un objeto tan increíblemente masivo que si la luz se le acerca mucho se la chupa y no la deja escapar (los agujeros negros sólo pueden ser detectados por la radiación que emiten las partículas cósmicas al ser aceleradas a gran velocidad hacia su centro). Pero lo más impresionante del telescopio espacial Hubble, para una persona como usted y yo, es la gran cantidad de bellas y espectaculares imágenes de planetas, galaxias, nebulosas y otros objetos astronómicos, disponibles libre de costo a través del internet (http://hubblesite.org/gallery).

La NASA se ha gastado casi 6,000 millones de dólares en el telescopio espacial Hubble, incluyendo cuatro visitas de los transbordadores espaciales *Endeavour*, *Discovery* (dos veces) y *Columbia*, para mantenimiento y reparaciones. Luego del accidente del trasbordador espacial *Columbia* en el 2003, la NASA había dicho que no haría más reparaciones al telescopio debido a lo riesgoso de la misión (no es fácil hacerle mecánica al telescopio Hubble flotando en el espacio y con unos guantes que parecen de jardinero), al costo (casi 1,000 millones de dólares no es cáscara de coco) y a la construcción del telescopio espacial James Webb que sustituirá al Hubble.

Sin embargo, recientemente la NASA cambió de opinión y decidieron hacerle las últimas reparaciones al telescopio en el 2009, por aquello de no perder la inversión ya hecha, para que siga funcionando hasta el 2013. Los astronautas de esta importante misión cambiaron al telescopio espacial Hubble, entre otras cosas, el espectroscopio, un instrumento que de-

Las miles de imágenes obtenidas por el Telescopio Espacial Hubble están disponibles libre de costo en la página electrónica de la NASA. Foto cortesía de la Administración Nacional de Aeronáutica y el Espacio (NASA).

tecta la presencia de elementos químicos usando la luz que producen cuando están bien calientes; un panel de circuitos; el sistema de enfriamiento que le permite al telescopio detectar radiación infrarroja; parte del aislamiento térmico; algunas baterías; y los giroscopios, unos aparatitos que hacen que el telescopio apunte en una dirección fija para poder tomar fotos claras.

Al igual que el caso del carrito usado, la decisión de arreglar o descartar el telescopio espacial Hubble, no fue fácil. La NASA trabajó muchas horas para alcanzar un delicado balance entre los aspectos económicos y científicos de la misión. A fin de cuentas, el telescopio Hubble, de casi veinte años de edad, fue reparado. Luego del costoso "tune up", este sofisticado instrumento mantendrá ocupados a los astrónomos nacionales e internacionales y capturará imágenes nunca antes vistas. En resumen, el telescopio espacial Hubble ayudará a entender mejor el origen y evolución del universo... hasta que se le venza la garantía.

135

MI EXPERIENCIA COMO INVESTIGADOR DE CÁNCER

Wilfredo E. De Jesús Monge

La célula es la unidad de vida más pequeña. A su vez, el cuerpo de los seres vivos se compone de una o más células. El ser humano consta de trillones de células que se multiplican y crecen de una manera organizada para formar normalmente las diversas partes del cuerpo. Sin embargo, el proceso por el que las células se multiplican y crecen de manera desorganizada y anormal se conoce como cáncer.

El cáncer es causado por cambios en los genes o regiones de ácido desoxirribonucleico (ADN) que dirigen las células y llevan a un desbalance en la multiplicación y muerte de éstas. El ADN es el material hereditario que pasa de una célula "madre" a sus células "hijas" mediante multiplicación. Estos cambios en los genes hacen que algunas células crezcan de manera desmedida, se muevan a tejidos cercanos en el cuerpo (invasión) y se rieguen a otros órganos (metástasis). Hay muchos tipos de cáncer, y éste depende del tipo de célula que lo origina y del órgano del cuerpo donde comienza. El cáncer causa malestar y enfermedad en la persona, y la puede llevar a la muerte, si no se atiende y trata a tiempo por profesionales de la salud.

Estudiar el cáncer requiere innovadoras técnicas y complicados equipos de laboratorio para entender las mutaciones en el ácido desoxirribonucleico (ADN). Foto cortesía del Departamento de Agricultura de los Estados Unidos (USDA).

Lamentablemente, es muy común que las personas conozcan a alguien, inclusive ellos mismos, que padezcan o hayan padecido de algún tipo de cáncer. Yo he sido una de esas muchas personas, con familiares cercanos que han padecido de cáncer colorrectal y de páncreas. Además, he conocido muchas otras personas que han padecido de esta terrible enfermedad y han tocado mi corazón y sentimiento.

Por eso, en los pasados 16 años he estado obteniendo experiencias y educación como científico investigador, comenzando en mi último año de escuela superior. La investigación científica busca el conocimiento de una manera organizada y disciplinada para contestar válidamente una pregunta de interés en las ciencias. Particularmente he tenido interés en conocer más sobre cáncer mediante la investigación científica.

Mi primera experiencia como investigador de cáncer fue bajo la enseñanza de la Dra. Ivette García Castro. En su laboratorio estudié el melanoma o cáncer de los melanocitos. Éstos son células que producen melanina, el pigmento que da color a la piel y los ojos. Mi proyecto consistió en determinar el cariotipo o composición de los cromosomas en células de melanoma y compararlos con los de melanocitos normales. Un cromosoma es una estructura compuesta de proteínas y ADN, en donde la célula guarda la mayor parte de su material genético. Los resultados demostraron que el cariotipo de las células de melanoma es diferente al de los melanocitos, lo cual puede explicar su habilidad de invasión y metástasis.

Luego participé como asistente en un estudio de enfermedades del sistema digestivo, que investigaba el riesgo de desarrollar cáncer colorrectal, en una comunidad de Vieques. Este estudio fue dirigido por el Dr. Juan T. Tomasini, la Dra. Cruz M. Nazario y la Dra. Cynthia M. Pérez. Mi participación consistió en visitar casas y hacer preguntas relacionadas con este tema a los residentes que voluntariamente querían participar. Además, se les proveyó una prueba para detectar sangre oculta en la excreta o evacuación. Esta es una prueba que podría detectar la presencia de cáncer colorrectal. Aquellas personas con sangre en la excreta fueron evaluadas más a fondo. Esta fue una gran experiencia porque tuve la oportunidad de compartir personalmente con los vecinos, notar su interés en el proyecto y reconocer su agradecimiento por nuestra labor y preocupación por ellos.

Mi experiencia como investigador de cáncer continuó bajo la guía de la Dra. Marcia Cruz Correa, en el área de cáncer colorrectal. En esta investigación estudiamos los cambios en unos genes que codifican proteínas que reparan el ADN, y que, cuando están mutados causan cáncer colorrectal en muchos pacientes. Si hay cambios (mutaciones) en estos genes, esto causaría la ausencia de la proteína (el producto del gen) correspondiente en el tejido de cáncer colorrectal obtenido de los pacientes.

Los resultados de este estudio demostraron que los pacientes hispanos de cáncer colorrectal en Puerto Rico tienen una menor frecuencia de ausencia de estas proteínas que los pacientes de otras nacionalidades. Además, ayudé a evaluar la ausencia de estas proteínas en lesiones cancerosas de piel que pueden ocurrir en pacientes que a la vez tienen cáncer colorrectal. Actualmente hago investigación sobre el cáncer de páncreas bajo la tutela del Dr. Brian C. Lewis. Nuestro interés es estudiar de cerca los cambios en varios genes y cómo éstos cooperan entre sí para provocar el desarrollo de este mortal tipo de cáncer. El objetivo es ver su efecto en el comportamiento de las células de cáncer del páncreas. Lo interesante de nuestra investigación es que utilizamos el ratón como un modelo que, al ser manipulado genéticamente, desarrolla un cáncer de páncreas muy parecido al de los seres humanos. El uso de este animal nos permite hacer estudios que pueden ser luego probados en los seres humanos de una manera segura.

Como ves, mi experiencia como investigador de cáncer ha sido variada en los tipos de cáncer estudiados (cáncer de la piel, colorrectal y de páncreas), técnicas y objetos de estudio (células y tejidos; humanos y animales). Estas experiencias me dan las herramientas para adquirir nuevo conocimiento de una manera organizada y efectiva a fin de contestar mis preguntas de interés acerca del cáncer. Este nuevo conocimiento es luego compartido entre los compañeros científicos, profesionales de la salud, pacientes y otras personas por igual.

El Registro Central de Cáncer de Puerto Rico (2008) ha informado que, entre los años 1999 y 2003, se diagnosticaron aproximadamente 10,361 personas con cáncer invasivo al año en el País. Los tipos de cáncer más comúnmente diagnosticados en ese tiempo fueron el de próstata, mama y colorrectal. A su vez, el cáncer es la segunda causa de muerte en la Isla. Por eso es importante hacer investigación científica en torno al cáncer para conocer más sobre los orígenes, causas y desarrollo de esta enfermedad y así mejorar las maneras en que ésta puede ser prevenida, identificada y tratada de un modo efectivo y exitoso.

LA LOMBRIZ Y EL PESCADOR

Wilson J. González Espada

A orillas del Río Sabana, un tabonuco se mece en la brisa. Bajo su sombra, un muchacho se prepara para pasar un buen rato pescando y descansando. "Con suerte, a lo mejor pican un par de chopitas", dice en voz baja.

Su equipo de pesca no es muy sofisticado: hilo de pescar enrollado en una lata de refresco, dos anzuelos puntiagudísimos y un vaso de plástico con lombrices que consiguió en un prado cercano. Las lombrices, esbeltas y húmedas, se movían lentamente entre la oscura tierra dentro el vaso.

El muchacho coge una lombriz en la mano, listo para ensartarla múltiples veces en la metálica punta. De repente, oye un "¡Wepa! ¿Qué tú vas a hacer?" Extrañado, el muchacho sigue con la mirada el origen del sobresalto… ¡Era la lombriz!

—Pensaba preparar el anzuelo para pescarme unas chopitas.

—¿Cómo? ¿Con una lombriz? ¿Es qué no has oído de carnadas plásticas? Las chopas son medio brutas y no van a saber la diferencia hasta después de que las pesques.

—No, yo uso carnadas naturales.

—Se ve que no sabes lo útiles que son las lombrices en el ecosistema. Para que sepas, las lombrices realizan un ilustre servicio a la ecología borinqueña. Nosotras somos consideradas por los científicos como un sofisticado indicador biológico de la salud y fertilidad del suelo. Las lombrices mejoramos la calidad del suelo al ayudar en la descomposición de material orgánico, el reciclaje de nutrientes y la formación de suelos. Nuestros túneles permiten que el oxígeno penetre el suelo, y nuestro constante movimiento mezcla el suelo y lo mantiene sueltecito y no amogolla'o.

—A la verdad que me sorprende...

—¡Y no tan sólo eso! Las lombrices comemos una gran variedad de alimentos, desde hojas descompuestas y desechos de animales hasta raíces y microbios. Y no te creas que las lombrices comemos cualquier porquería que encontramos. Cada especie de lombriz tiene sus alimentos preferidos. Esto es importante, ya que alterar el terreno o convertirlo de bosque en pradera tiene importantes consecuencias para la supervivencia de ciertos tipos de lombriz.

—¿Cómo va a ser?

—Así como lo oyes, mi'jo. Cada tipo de terreno tiene su propio balance ecológico de lombrices, bacterias, hongos, insectos y otros organismos. Sacar dos o tres lombrices, como tú negligentemente acabas de hacer, puede desequilibrar este delicado balance y desestabilizar toda la ecología de Puerto Rico, lo que implica cambios terribles a nivel global.

—Eso suena demasiado catastrófico... ¿No me estarás cogiendo de mangó bajito?

—Bueno... sí, a lo mejor exagero un poquito. Pero lo que dije de la función de las lombrices en el ecosistema local es verdad.

—Ahora que lo pienso... ¿Cómo tú sabes tanto de ecología y lombrices?

—Ah, es que yo participé en un proyecto de investigación sobre lombrices auspiciado por el Instituto para el Estudio de Ecosistemas Tropicales, parte de la Universidad de Puerto Rico (UPR) en Río Piedras. Hace un par de años atrás, los científicos Xiaoming Zou, Bárbara Arandes, David Capó, Jessica Gutiérrez y Mirla Rosario tomaron muestras de suelos de un área de El Yunque, un bosque tropical húmedo. Para comparar, también tomaron muestras de suelo de un prado cercano a El Yunque que se usa para ganadería. Los científicos querían estudiar si había diferencias en la cantidad y especies de lombrices en estos dos lugares. Ellos descubrieron que había casi el doble de lombrices en el prado, comparado con el área boscosa. Sin embargo, el suelo del bosque tiene más especies de lombrices, es decir, mayor biodiversidad, comparado con el suelo del prado. Sin mi exclusiva ayuda, esos científicos no hubieran podido descubrir todo lo que descubrieron.

—¡Qué interesante!

—Y es por eso que debes conseguirte lombrices plásticas para pescar. Las lombrices reales estamos demasiado ocupadas manteniendo el suelo saludable y ayudando a la comunidad científica.

Sonriendo, el muchacho devuelve las lombrices al lugar donde las encontró y se fue a conseguir carnada artificial. La lombriz, feliz y contenta, localiza su túnel y se desliza hasta su subterráneo hogar.

—¡Nena, ya llegué!

—Qué chévere, mi vida. ¿Cómo te fue el día?

—Si te cuento… Casi me ensartan en un anzuelo, pero yo, con mi famosa labia, me zafé de una muerte segura.

—¿Tu labia? ¿No me digas que saliste otra vez con el cuento de que participaste en un proyecto científico de la UPR?

Parte III

La ciencia y tu salud

Vivimos en medio de una revolución biomédica: en los últimos cincuenta años los descubrimientos científicos han tenido un impacto extraordinario en nuestra salud. Durante este período ha habido más logros biomédicos que en toda la historia de la humanidad combinada. Por ejemplo, hace 75 años una de las causas de mortalidad más grandes, sobre todo durante las guerras, eran las infecciones: ¡no existían antibióticos! Los descubrimientos biomédicos han permitido entender cómo funciona el cuerpo humano, y extender grandemente la expectativa de vida humana.

En esta sección leerás ensayos sobre cómo las ciencias impactan tu salud. Aprenderás cómo los conocimientos básicos generados por los científicos, tales como la secuencia del genoma del mosquito, o la composición química del café, impactan tu salud directamente. Esperamos que los ensayos ilustren el estrecho vínculo entre la investigación básica, la medicina y tu salud. Además, desde esta perspectiva, esperamos que los ensayos presenten cómo las ciencias repercutirán en los tratamientos de salud en el futuro, y las preguntas éticas que nos encontramos y nos encontraremos durante este proceso.

CONOCIENDO AL DENGUE

Mónica I. Feliú Mójer

Playa, acampar, turismo interno, barbacoas... y embarrarse de repelente de mosquitos. ¿Le suena familiar? Los puertorriqueños estamos acostumbrados a bregar con los mosquitos. Todos conocemos de primera mano la molestia que causan sus picadas. Algunas personas tienen la mala fortuna de ser dulces pa' los mosquitos.

Sin embargo, dulces o no, todos los boricuas están en riesgo de sufrir del dengue. El dengue es una enfermedad causada por un flavivirus, transmitido a través la picada del mosquito hembra *Aedes aegypti*. Se estima que hay alrededor de 100 millones de casos anuales mundialmente. Los síntomas de este virus incluyen fiebre, dolores musculares y articulares, náuseas y vómitos, dolor de cabeza, dolor detrás de los ojos y sarpullido. En ocasiones –algunos cientos de miles de casos anuales– esta enfermedad se manifiesta como dengue hemorrágico. Desafortunadamente, no existe vacuna ni cura para el dengue, por lo cual el método más efectivo para controlar esta enfermedad es el manejo de las poblaciones del mosquito que lo transmite. Ésta ha probado ser una difícil tarea. Pero gracias a la genética, la lucha contra el dengue se ha anotado una importante victoria: la secuencia del genoma del mosquito *Aedes aegypti*, publicado en la prestigiosa revista *Science*.

Esta información sobre los genes del mosquito permitirá a los científicos estudiar e identificar qué genes y proteínas son importantes para la transmisión del flavivirus, la resistencia de los mosquitos a insecticidas, y los comportamientos del mosquito que facilitan la transmisión de la enfermedad.

Además, el conocer el genoma del *Aedes aegypti* da a los científicos la oportunidad de crear mosquitos alterados genéticamente para que no transmitan la enfermedad y que puedan reemplazar a los mosquitos que sí la contagian. Otra posibilidad es crear insecticidas o métodos que interfieran con la expresión de genes importantes para la transmisión del flavivirus o la supervivencia de los insectos.

El genoma del *Ae. aegypti* promete ser una potente herramienta en la lucha contra el dengue, pero aún falta mucho por investigar para entender la genética de este insecto y utilizar esa información para erradicar el dengue.

En Puerto Rico, se reportan anualmente miles de casos de dengue. Nosotros tenemos que tomar medidas para evitar una epidemia del dengue. Probablemente, muchos recuerden el famoso anuncio protagonizado por Daniel Lugo, contándonos la historia de Carmencita Rodríguez, una jovencita que murió de dengue hemorrágico, e invitándonos a eliminar los criaderos de mosquitos, es decir, cualquier recipiente de agua limpia o de lluvia. Esta es la manera más efectiva de controlar la transmisión del dengue. Otros métodos de prevención incluyen el uso de insecticidas y la introducción de organismos que se alimenten de las larvas de mosquito. Y, por supuesto, tal como nos recomiendan nuestras madres y el Centro para el Control y la Prevención de Enfermedades (CDC, por sus siglas en inglés), embarrarnos de repelente de mosquitos que contenga entre 20% y 30% de DEET.

En Puerto Rico existen las condiciones óptimas para estudiar y monitorear el dengue, por lo que el CDC estableció

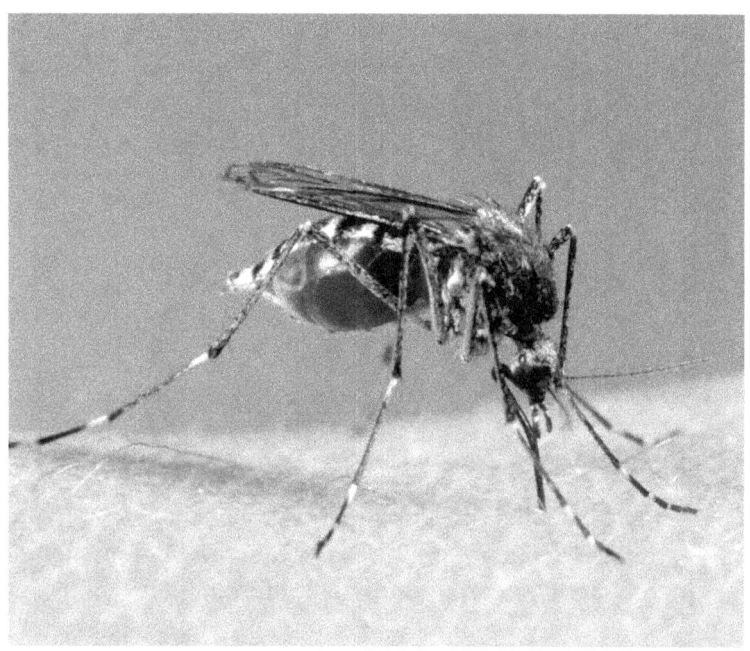

El dengue es una enfermedad causada por un flavivirus, transmitido a través la picada del mosquito hembra *Aedes aegypti*. Foto cortesía del Departamento de Agricultura de los Estados Unidos (USDA).

una Oficina del Dengue en la Isla. Allí se analizan muestras de laboratorio provenientes de todo el mundo; se estudia la biología, el comportamiento y los métodos de control del mosquito; y se desarrollan programas de prevención. Inclusive, esta oficina fue designada como Centro de Referencia para la Investigación del Dengue y Dengue Hemorrágico por la Organización Mundial de la Salud (WHO, por sus siglas en inglés). Para más información sobre el dengue, puede visitar http:// www.cdc.gov/spanish/enfermedades /dengue.htm.

REMEDIO GENÉTICO CONTRA EL DENGUE

Wilson J. González Espada

La mayoría de los puertorriqueños conocen a alguien que ha sufrido de dengue o lo han experimentado personalmente. Pocos pueden olvidar el intenso dolor en las coyunturas y en los músculos, la altísima fiebre y el dolor de cabeza. El dengue es una de las enfermedades transmitidas por mosquitos más comunes alrededor del mundo, con cien millones de casos al año y una mortalidad del 5%.

Es la hembra del mosquito *Aedes Aegypti* la que transmite el dengue cuando pica y su saliva contaminada entra en nuestro cuerpo. No existe una vacuna para tratar el dengue. Sin embargo, un rayo de esperanza se abre para controlar esta terrible enfermedad.

Varios científicos de la compañía británica Oxitec utilizan técnicas de ingeniería genética para alterar mosquitos machos, de modo que al reproducirse le pasen el material genético modificado a las futuras generaciones. Este material heredado está diseñado para que los descendientes mueran jóvenes y sin mucha oportunidad para reproducirse.

Una técnica similar ha sido utilizada con éxito en el pasado, al introducirse al ambiente organismos masculinos capaces de aparearse pero incapaces de producir descendencia. Estos machos estériles ayudan a reducir la población que transmite enfermedades. La nueva técnica es diferente, ya que no introduce machos estériles, sino que se induce la muerte de los descendientes.

En estudios de laboratorio, Luke Alphey y sus colegas en Oxitec ya han demostrado que las mosquitas hembra no distinguen a los mosquitos normales de los modificados genéticamente. Este paso es importante para asegurar que los mosquitos modificados transmitan su mortal herencia.

El plan es introducir los mosquitos modificados en el medioambiente para que compitan con los mosquitos machos normales. Los mosquitos que nazcan de un papá modificado van a morir a temprana edad. El resultado: menos mosquitos picando gente. Un beneficio adicional es que se reduciría el uso de insecticidas y otros químicos peligrosos.

No todos los científicos están entusiasmados con la idea de introducir mosquitos modificados genéticamente al medioambiente. Algunos están preocupados por las consecuencias impredecibles, como el famoso caso de las abejas asesinas, creadas mediante un método de reproducción e hibridización selectiva y que han causado múltiples víctimas por su inesperada agresividad. Otros cuestionan qué pasará con aquellos animales que se alimentan de mosquitos y cómo se afectará la red alimenticia global.

EL CAFÉ: UN MISTERIO MÉDICO SIN RESOLVER

Uriyoán Colón Ramos

Para muchos puertorriqueños no hay nada como el aroma de un buen café caliente en la mañana. Ya sea negro o con leche, amargo o "melao", en Puerto Rico consumimos un promedio de 7.5 libras de café anuales por persona; es decir, al menos una taza de café casi todos los días. Aunque al café se le han atribuido todo tipo de propiedades milagrosas, desde curar dolores de cabeza y la indigestión, el valor nutricional absoluto de este grano todavía se debate en la comunidad científica.

Por años, estudios epidemiológicos y metabólicos han examinado los posibles efectos del consumo del café en la salud, pero los resultados han sido contradictorios. El estudio de la relación entre el café y la salud puede ser una labor complicada, en parte porque el café, de por sí, es una bebida complejísima. El grano, descubierto en la región de Kaffa, Etiopía (de aquí el nombre "café"), contiene múltiples substancias, aparte de la cafeína, que pueden tener diversos efectos en la salud. Una vez preparado como bebida, tal como se popularizó en la Península Arábiga y más tarde en Europa, las substancias del grano podrían interactuar diferentemente sobre varios órganos el cuerpo.

El café podría ser beneficioso para el sistema hepático, la vesícula biliar y el sistema cardiovascular. Foto cortesía del Departamento de Agricultura de los Estados Unidos (USDA).

Un proyecto de investigación completado por Hannia Campos y Ana Baylin, científicas de la Escuela de Salud Pública de la Universidad de Harvard y la Universidad de Brown, respectivamente, examina toda la evidencia científica referente al consumo del café y los riesgos de contraer diabetes tipo 2 y enfermedades cardiovasculares.

153

La evidencia científica respecto al consumo del café y el riesgo de diabetes tipo 2 es bastante consistente: estudios epidemiológicos han encontrado que quienes consumen entre 4-9 tazas de café al día, tienen menos riesgo de padecer diabetes, en comparación con quienes beben entre 0-2 tazas de café al día. Se han encontrado resultados similares entre quienes toman café descafeinado. Esto sugiere que la cafeína no es la responsable por el efecto protector contra la diabetes; se piensa que otros componentes del grano, tales como los antioxidantes y el magnesio, puedan proteger contra la diabetes al aumentar la sensibilidad a la insulina y disminuir la absorción de glucosa (azúcar) en el intestino. Además, en otros estudios también se ha encontrado que el café protege contra la cirrosis del hígado y disminuye la formación de cálculos en la vesícula biliar.

La evidencia es más incompleta y contradictoria en respecto a los beneficios del café cuando se trata de la relación entre ésta aromática bebida y el corazón. Aunque algunos estudios muestran que la cafeína aumenta la presión sanguínea, el pulso cardíaco, los marcadores de inflamación y el colesterol sanguíneo, estudios epidemiológicos que comparan el riesgo de infarto entre consumidores frecuentes e infrecuentes no han logrado ponerse de acuerdo.

Por un tiempo se pensó que el colar el café removía substancias que aumentan el colesterol sanguíneo y, por ende, puedan llevar a riesgo de infarto del miocardio. Sin embargo, otros estudios mostraron que aun colando o filtrando el café, el colesterol sanguíneo aumentaba, y el riesgo de enfermedad cardiovascular era todavía elevado comparando quienes bebían al menos 4 tazas de café colado o una sola taza al día. Estudios que han examinado específicamente el rol de la cafeína, proponen que algunas personas pueden tolerar más la cafeína que otras, dependiendo de sus variantes genéticas. Tal vez sea esa la razón del desacuerdo entre los estudios epidemiológicos, pero por el momento este tema está bajo investigación.

Por lo visto, aunque beber café parece tener sus beneficios para el sistema hepático y para la vesícula biliar, hasta que se conozca más sobre sus efectos en el sistema cardiovascular y cómo éste cambie dependiendo de las variantes genéticas, la recomendación para quienes beben su tacita de café es sencilla: moderación.

EL SÍNDROME METABÓLICO

Juan José Rivera

Las últimas estadísticas de la Sociedad Americana del Corazón reflejan que un 40% de los hispanos se encuentra sobre su peso ideal; de este 40%, un 25% cumple con los criterios para considerarse obeso.

El aumento en peso, especialmente el incremento en grasa abdominal, trae consigo una serie de consecuencias adversas para el sistema cardiovascular. Ésta obesidad central se asocia a un aumento en presión arterial, una disminución en el nivel de colesterol bueno (HDL), un mayor grado de inflamación en las arterias del corazón, un aumento en el nivel de triglicéridos en la sangre y un aumento en el riesgo de muerte relacionada con un evento cardiovascular.

El incremento en grasa abdominal también aumenta la resistencia de ciertos tejidos del cuerpo a los efectos de la insulina. Esta hormona se encarga de controlar adecuadamente los niveles de azúcar en la sangre. Aquellos individuos que padecen de obesidad central y de resistencia a la insulina podrían desarrollar pre-diabetes o diabetes. Estas condiciones a su vez se asocian a problemas adicionales del corazón, complicaciones renales, daños al sistema nervioso, problemas de visión e impotencia sexual.

El síndrome metabólico es esencialmente el nombre médico que se le otorga a esta gama de cambios en el metabolismo y los efectos clínicos resultantes. Múltiples estudios científicos demuestran que las personas que sufren de esta condición están 5 veces más propensas a desarrollar diabetes en un futuro, y de 2 a 3 veces más propensas a sufrir un ataque al corazón.

El síndrome metabólico es una enfermedad silenciosa; existen millones de personas que, aun cumpliendo claramente con los criterios de enfermedad, viven sin conocer sobre su condición. Esta ignorancia colectiva resulta contraproducente a nuestros esfuerzos de prevenir ataques al corazón y muertes cardiovasculares en esta población de pacientes. Por esta razón, es importante que todos conozcamos los criterios necesarios para diagnosticar esta enfermedad.

Tres de los siguientes cinco criterios aseguran el diagnóstico del Síndrome metabólico: tamaño o circunferencia de la cintura (medida a nivel del ombligo) mayor de 35 pulgadas en mujeres y 40 pulgadas en hombres; un nivel de azúcar (en ayunas) igual o mayor de 100mg/dl presión arterial igual o mayor de 130/85; colesterol bueno (HDL) menor de 50 mg/dl en mujeres y menor de 40 mg/dl en hombres; nivel de triglicéridos en la sangre (en ayunas) mayor de 150 mg/dl.

La prevención del síndrome metabólico y de las enfermedades cardiovasculares en general es de suma importancia para mejorar la calidad de vida de todos los puertorriqueños. En Puerto Rico tiene que ocurrir una revolución de salud poblacional y que la gente pueda educarse y ganar conciencia sobre la prevención, detección y tratamiento de las enfermedades cardiovasculares.

MEJOR LA SALUD DE BORICUAS EN NUEVA YORK

Uriyoán Colón Ramos

La falta de ejercicio y la adopción de la dieta estadounidense, notoriamente alta en grasas y azúcares, son dos razones predominantes que ayudan a explicar la diferencia de las tasas de obesidad y enfermedades entre los inmigrantes en Estados Unidos y sus contrapartes que todavía viven en sus países natales. Más aún, algunos estudios han demostrado que la obesidad tiende a aumentar según el número de años que el inmigrante lleve viviendo en Estados Unidos. Por tal razón, uno esperaría que la obesidad fuera un problema de salud más serio entre los puertorriqueños que radican en los Estados Unidos, que entre los que radican en el archipiélago de Puerto Rico. Sin embargo, un reciente estudio publicado en la *Revista Panamericana de Salud Pública* refuta esta hipótesis.

El estudio, conducido por investigadores del Albert Einstein College of Medicine, el Departamento de Salud del Estado de Nueva York, Tufts University y la Universidad de Puerto Rico, comparó la prevalencia de obesidad entre puertorriqueños del archipiélago borincano y los residentes en Estados Unidos, (Nueva York, específicamente), y encontró igual número de personas con obesidad en ambos grupos. Según los autores, la poca actividad física y el bajo consumo de frutas y vegetales entre la mayoría de los isleños, podrían ser los responsables de este fenómeno.

Más de la mitad de la población puertorriqueña (55%) reportó cero actividades físicas en un mes, en comparación con sólo un 24% de la población blanca no-hispana en Estados Unidos. En cuanto a la dieta, sólo el 7% de los isleños sigue la recomendación de consumir al menos 5 raciones de frutas y vegetales al día, y la elección de alimentos carece de diversidad en variedades de frutas y cereales.

Los resultados revelan mucho sobre el porvenir de la obesidad y las enfermedades en el archipiélago borincano. A pesar de que los isleños tienen menos obstáculos para obtener cuidado de salud si los comparamos con los boricuas en Estados Unidos, debido a menos barreras de lenguaje o más acceso a seguros médicos entre poblaciones de bajo ingreso, el cuidado primario de salud preventiva y de la diabetes entre los isleños es peor que entre los boricuas residentes en Estados Unidos.

El estudio también reveló que en Puerto Rico se suele diagnosticar la diabetes a una edad más avanzada que en Estados Unidos. Esta falta de cuidado preventivo tal vez se deba a que los exámenes de diagnóstico se administran con menos frecuencia entre los asegurados por la Reforma de Salud de Puerto Rico del 1993, en comparación con los que tienen seguro privado. Los autores también sugieren que esta diferencia podría estar basada en una falta de concienciación sobre el cuidado preventivo en Puerto Rico.

Los resultados del estudio son alarmantes; el problema de obesidad entre los isleños, a causa de falta de ejercicio y pobre nutrición enfatiza la necesidad de enfocar iniciativas en Puerto Rico hacia una salud preventiva desde temprana edad.

VITAL SER UN PACIENTE INFORMADO

Wilson J. González Espada

Si la última vez que leíste la información que acompaña a tus medicinas pensaste que estabas leyendo jerigonza, no eres la excepción. A pesar de que esta información es bien importante para evitar sobredosis, efectos secundarios o interacciones con otras medicinas, a la gran mayoría de la gente se les hace difícil entender todos esos detalles. Esta realidad ha llevado a los investigadores a estudiar aún más la alfabetización médica, sobre todo cuánto una persona promedio entiende la información médica y cómo aplica su conocimiento para tomar decisiones correctas en cuanto a su salud.

¿Qué revelan los estudios más recientes en alfabetización médica? En primer lugar, todos en algún momento hemos tenido dudas o preguntas sobre una receta, no importa la clase o el nivel educativo de esta persona. Sin embargo, los ancianos y aquellos que no saben leer o escribir bien están en mayor riesgo de cometer errores al usar las medicinas. Otros grupos en riesgo son aquellos que toman muchas medicinas y aquellos que consultan a múltiples doctores debido a varios problemas de salud. No es raro ver personas que toman diez o más medicinas diferentes, a diferentes horas, unas con comida y otras no.

En segundo lugar, no siempre la culpa por los malentendidos con las recetas es de la persona que las recibe. Varios investigadores sugieren que la información escrita no siempre es completa y no siempre está en un lenguaje fácil de entender para la persona promedio. Por eso se recomienda que consulte a su médico sobre las medicinas que toma. Esto es aún más importante, si tiene una receta nueva. A veces, los doctores explican muy rápido, no explican todos los detalles o presumen que el paciente entendió la explicación. No salgas de la oficina u hospital con dudas o preguntas. Menciónale a tu doctor qué otras medicinas estás tomando y las dosis correspondientes. Si es posible, llévate tus potecitos de medicina a la consulta o escribe la información en un papel.

Coméntale a tu doctor si estás tomando remedios caseros o suplementos que se pueden comprar sin receta. A veces, los ingredientes de estos productos pueden interactuar con las medicinas recetadas, reduciendo su eficacia o creando efectos contraproducentes.

Confirma lo que te dijo el doctor con tu farmacéutico de confianza. Esto te asegura que sabes de verdad cómo te vas a tomar tus medicinas.

Lee las etiquetas de las medicinas con cuidado. A veces, las instrucciones pueden confundir a la gente. Imagínate que la receta dice "tres cápsulas tres veces al día". ¿Se toma una cápsula por la mañana, otra por la tarde y la última por la noche? Esto hace tres cápsulas en un día. Tal vez son tres cápsulas por la mañana, tres por la tarde y tres cápsulas más por la noche, es decir, nueve cápsulas en total. Obviamente, no es lo mismo tres que nueve cápsulas.

Sigue las instrucciones al pie de la letra. Si la receta dice que tienes que tomarte la medicina por diez días, no pares de tomarla antes de tiempo, aun cuando te sientas mejor. Si la medicina dice que necesitas comida, hazle caso, no vaya a ser que te dé dolor de estómago.

Si la medicina es líquida y dice que debes agitarla, no te olvides de hacerlo. A veces el ingrediente activo se asienta en el fondo del líquido. Si no la agitas, te vas a tomar una dosis mayor del ingrediente activo cuando casi termines la medicina, produciendo una sobredosis accidental.

Recuerda que tu salud es tu responsabilidad. Infórmate para que vivas una vida saludable.

VOLVER A NACER

Juan José Rivera

El niño no sintió nada antes de perder el conocimiento. Su último recuerdo es haber anotado un gol durante el partido de fútbol y haber sido el centro de una celebración momentánea. Las luces se apagaron sin algún preludio de fatalidad. Abrió los ojos y su mirada se cruzó con la de papá y mamá. El sonido de los monitores cardíacos imposibilitaba que el momento fuese más íntimo. Pero el niño estaba vivo, y eso de por sí era motivo de alegría y esperanza.

El monitor marcaba un ritmo acelerado... el pulso tenue y desesperado de un corazón que lucha su última batalla. Aparentemente, un virus, común y corriente, había ocasionado lo que los médicos continuaban nombrando constantemente como una cardiopatía dilatada, lo cual no es otra cosa que un debilitamiento severo del músculo cardíaco. El corazón del niño se contraía a sólo un 10% de su capacidad. Los doctores lo describieron como una bomba repleta de agua sin potencial o capacidad de vaciarse.

El doctor a cargo del niño, teniendo muy presente la gravedad del asunto, activó rápidamente el plan de tratamiento. Primero, un conglomerado de células será removido del cuerpo del niño y transportado al laboratorio de regeneración celular más cercano. Una vez en el laboratorio, esas células, las cuales contienen la información genética del niño, se implantarán en un óvulo fertilizado, al cual se le habrá extirpado previamente el núcleo con su contenido genético. El crecimiento celular y el desarrollo de ese óvulo fertilizado serán controlados por el código genético del niño. A este procedimiento científico se le conoce como transferencia nuclear y es la base del proceso de clonación.

El óvulo fertilizado comienza a duplicarse y a producir unas células madres (stem cells) capaces de diferenciarse en cualquier tipo de tejido humano, como por ejemplo, el cardíaco. Finalmente se forma una masa de células llamada blastocito, la cual contiene las células madres. Mediante un proceso científicamente complejo y delicado, estas células son extraídas del blastocito y transportadas a un ambiente controlado en donde se reproducirán rápidamente y se diferenciarán en cuestión de días en un corazón genéticamente idéntico al del niño. El órgano clonado será transportado cuidadosamente al hospital y será transplantado en el niño lo antes posible. No habrá necesidad de medicamentos para suprimir su sistema inmunológico… su corazón sigue siendo el mismo, sólo que volvió a nacer. A este proceso se le conoce como clonación terapéutica.

Esta historia no ocurrió ayer ni hoy, sino en el futuro. Las células madres de origen embrionario son capaces de reproducirse de manera acelerada y convertirse en cualquier órgano o tejido de nuestro cuerpo –corazón, páncreas, hueso, neuronas, etc. Esta versatilidad las pone en el centro de la investigación científica para el tratamiento de enfermedades cardiovasculares, diabetes, Parkinson y parálisis, entre otras. La idea central es el curar mediante el proceso de regeneración. Es decir, si un individuo es diabético debido a que el páncreas no funciona y no produce insulina, la cura no es el uso de insulina externa, sino el uso de células madres capaces de crear un páncreas nuevo, funcional.

Aunque el concepto de la medicina regenerativa representa una idea capaz de cambiar el mundo como lo conocemos hoy día, la investigación con células madres embrionarias aún se encuentra en su infancia. Aun así, este avance científico y tecnológico que ha estremecido nuestros principios y cimientos religiosos, políticos, morales y económicos, podría cambiar la faz de la medicina para siempre.

MI MADRE NACIÓ CIRUJANA

Osvaldo Torres Santiago

Mi madre parecía una india taína, de perfil inmensamente indígena, de una bella y radiante piel cobriza, con cabellos tiernamente lacios, sedosos y radiantemente negros. Siempre la recuerdo sentada cosiendo blusas para el taller propiedad de doña Purulla Raldiris, lavando nuestra ropa a mano, cocinando o atendiendo y regando sus plantas en el patio, mientras tarareaba alguna canción de antaño, cantada en falsetes.

Eso sí, que a pesar de su poca escolaridad, nadie le ganaba en sanar y curar nuestras heridas, pues en su época no se creía en los hospitales y abundaba la medicina casera tradicional. "¡En lo que se llega al hospital y lo atienden, uno se muere!", exclamaba mi madre.

Recuerdo que una vez mi hermano se desgarró un párpado con un alambre de púas, mientras corría detrás de una chiringa. Lo llevaron sangrando hasta casa. Todos estaban asustados y llenos de temor. Mi hermana Lucila gritaba horrorizada, dando saltos con las manos sobre la cabeza: "¡Se sacó un ojo, el muchacho se sacó un ojo!". Mientras que nuestra madre, con temple de acero, dijo: "Déjame ver ese ojo a ver qué tiene." Luego de lavarle el ojo con café negro tibio, comentó; "No es gran cosa". La cafeína que contiene el café causa que los vasos sanguíneos se contraigan, y junto con la presión que le puso a la cortadura, ayudó a parar el sangrado para luego coserle dos puntos con hilo de coser. Luego le puso un poco del antibiótico penicilina, que entonces se vendía bajo el nombre de Cicatricina, medicina que impregnaba utilizando una pluma de gallina.

Ocurrió una vez que, mientras yo jugaba con pies descalzos corriendo por las calles de piedra de mi barrio, me di un golpe con una piedra en el talón del pie derecho. El dolor fue fuertísimo. Mi talón se hinchó poco a poco, hasta desarrollarse en él un tumor interno muy doloroso, de esos tumores que entonces llamábamos de "empedradura".

Yo me mostraba esquivo en casa, tratando de que mi madre no me notara cojear. Sabía todo lo que vendría detrás. Pero no fue así; esa tarde escuché cuando ella le dijo a mi padre: "Pedro, agárralo a ver qué tiene ese muchacho en el pie".

Luego de agarrarme, mi padre me hizo acostar boca abajo sobre su falda y colocó mi pierna bajo su rodilla para inmovilizarla y que mi madre examinara el talón. "Lo que me temía, tiene una empedradura", exclamó con tristeza y sabiduría. "No lo dejes ir", instruyó a mi padre. "¡Que lío te has buscado por andar corriendo a 'pata pelá', hijo!", exclamó mi padre. Sabía que mi madre, la cirujana familiar, estaría pronto ejecutando una de sus casi rutinarias operaciones quirúrgicas caseras.

Mi madre se acercó portando una vieja caja de zapatos en sus manos. Dentro de la caja estaban contenidos sus aparatos operatorios: agujas e hilos de coser; navajas de afeitar nuevas; alcohol, yodo, y mercurocromo para desinfectar las heridas; un ungüento de marca "Penetro"; un pomo de laca negra, que llevaba de marca "Séllalo todo" para sellar, literalmente, las heridas; algodón y un plumacho compuesto por tres plumas de gallina atadas a un pedazo de lápiz a manera de pincel.

Mi madre inició el ritual rezando un Ave María, me santigüó y se santigüó ella en nombre de Dios, mojó el plumacho en alcohol y limpió suavemente mi talón, luego de lavarlo con jabón de Castilla, al compás de mis alaridos. Más adelante tomó mi pie por el talón y colocó la aguja de un lado del tumor. Luego de su típico "con Dios y la Virgen", empujó la aguja fuertemente hasta atravesar el tumor de lado a lado. Como mis gritos se escuchaban por todo el barrio, se fueron juntando un grupo de vecinos noveleros a contemplar con interés y tristeza la operación, mientras que uno de ellos empezó a rezar el Santo Rosario.

Una vez atravesado el tumor con aquella tamaña aguja, mi madre tomó una de las navajas nuevas de la caja, la limpió con un algodón impregnado en alcohol y procedió a cortar la piel del talón, en una incisión a lo largo del lomo formado sobre la aguja, saliendo la sangre y el pus a borbotones y con fuerza tal que expulsó la aguja fuera de la carne.

Mi madre exprimió mi talón hasta sacar todo el pus y limpió la sangrante herida con ardiente yodo. Luego pasó el plumacho impregnado por la herida con el no menos ardiente "Séllalo todo", presionando el talón con la palma de su mano hasta que dejó de sangrar. Seguidamente tomó uno de los plumachos, lo impregnó en el ungüento "Penetro", que mi hermana había entibiado al fuego lento del carbón, y comenzó a frotar la herida con suavidad tal, haciendo que yo me quedara dormido.

Al despertar, luego de un par de horas de inquieto sueño, me llevó en hombros hasta la mesa del comedor, donde me senté a degustar un suculento caldo de paloma. Nada, que mi madre nació en un campo pobre de Puerto Rico. ¡A pesar de su poca escolaridad, la necesidad de la época, conjuntamente con las correrías mías y de mis hermanos, la hicieron nuestra cirujana! Y gracias a la sabiduría del campo y a los efectivos remedios caseros, era la mejor cirujana de todas.

NUEVAS ESPERANZAS PARA PACIENTES DE ALZHEIMER

Irving E. Vega

El Alzheimer es una enfermedad neurodegenerativa que destruye gradualmente las células del sistema nervioso, las neuronas, llevando a una pérdida progresiva de las funciones mentales. Aunque se desconocen las causas del Alzheimer, se sabe que la muerte neural causada por esta enfermedad está asociada a la acumulación anormal de proteínas dentro y fuera de las neuronas.

En el exterior de las neuronas se forma un agregado conocido como cuerpos amiloides, que son fragmentos de una proteína que se encuentra normalmente en la membrana de estas células. Por otro lado, los agregados intraneurales, conocidos como neurofibrilares, están constituidos principalmente por la proteína Tau, que es importante para la integridad neuronal. Se entiende que los procesos biológicos vinculados con la agregación aberrante de estas proteínas promueven la muerte neuronal y el desarrollo del Alzheimer.

Específicamente, las neuronas que se afectan adversamente son aquellas que se encuentran en regiones del cerebro responsables de los procesos cognoscitivos del ser humano, como la memoria, el lenguaje, la personalidad y la razón. Algunas de las neuronas que componen estas regiones son neuronas colinérgicas, es decir, estas células responden al neurotransmisor acetilcolina, una molécula que estimula la actividad de las neuronas, promoviendo la comunicación entre éstas durante procesos complejos, como el aprendizaje. Los científicos han encontrado que existe una disminución en el número de neuronas colinérgicas en cerebros de pacientes de Alzheimer. Esta disminución, sugiere que la escasez de estas neuronas colinérgicas contribuye a la pérdida de la memoria y otros síntomas relacionados con la enfermedad de Alzheimer. Esta hipótesis, conocida como la hipótesis colinérgica, ha dado paso al desarrollo de estrategias que estimulen la preservación de estas neuronas y la función normal de la acetilcolina.

Debido a la disminución en el número y la deficiencia funcional de estas neuronas, la hipótesis colinérgica ha servido de punto de partida para el diseño de varios compuestos que afectan diferentes aspectos del comportamiento molecular de las neuronas colinérgicas. Algunos de los compuestos químicos desarrollados afectan específicamente a los receptores colinérgicos, a través de los cuales actúa la acetilcolina. Los dos tipos de receptores colinérgicos, muscarínicos y nicotínicos, son como la cerradura para la cual la acetilcolina es la llave, y a través de ellos esta molécula lleva a cabo su función en la comunicación neuronal.

De los compuestos que han sido diseñados, aquellos que actúan sobre los receptores muscarínicos han generado resultados alentadores. Recientemente, se publicaron en la revista científica *Neuron* los resultados de un estudio llevado a cabo por un grupo en la Universidad de California, Recinto de Irvine, que caracterizó un compuesto químico llamado AF267B, que afecta los receptores muscarínicos en las neuronas colinérgicas. El estudio fue realizado en ratones modelos de Alzheimer, animalitos que duplican las características patológicas de la enfermedad, a los que se les administró el compuesto químico y luego se midió su capacidad de aprendizaje.

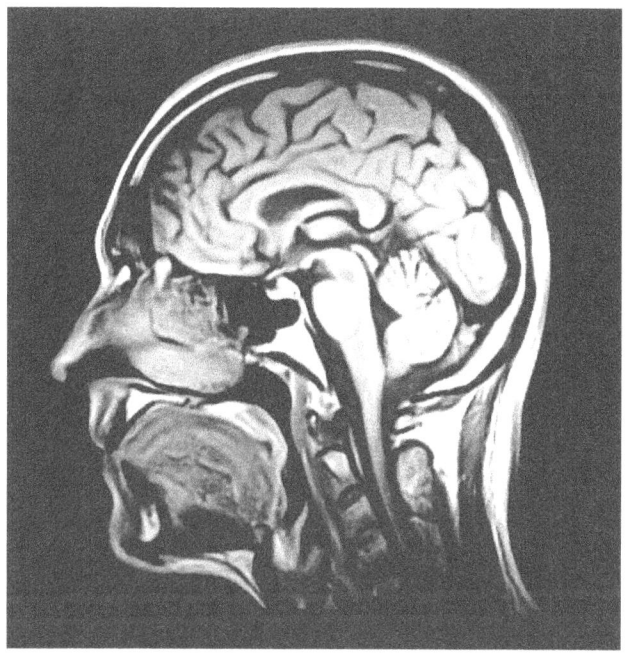

Imagen de Resonancia Magnética (MRI, por sus siglas en inglés) de un cerebro adulto. La tecnología de MRI se utiliza como herramienta para ayudar a diagnosticar la enfermedad de Alzheimer. Foto cortesía de la Fundación Nacional de la Ciencia (NSF) y la Corporación FONAR.

Los resultados indicaron que los ratones tratados con el AF267B no presentaron problemas cognoscitivos, en comparación con aquellos que no se les ofreció el tratamiento. Además, el AF267B redujo la generación de cuerpos amiloides y agregados neurofibrilares en la corteza cerebral y el hipocampo, regiones del cerebro que están involucradas en el proceso de aprendizaje. Estos descubrimientos sugieren que la activación de receptores muscarínicos en las neuronas colinérgicas previene, de alguna manera, la formación de los cuerpos amiloides y agregados neurofibrilares que se observan en humanos que padecen de la enfermedad de Alzheimer.

Aunque estos resultados son sumamente alentadores, es necesario continuar con la investigación antes que el compuesto AF267B se convierta en un tratamiento para pacientes de Alzheimer.

URGENTE ELIMINAR LAS GRASAS TRANS

Uriyoán Colón Ramos

Las papitas fritas, las galletitas rellenas con crema y las donas, aparte de la sabrosura, comparten un derivado artificial que las hace pésimas para la salud: las grasas trans. Estas grasas se encuentran escondidas en todo tipo de alimento que contenga aceite parcialmente hidrogenado, y son responsables por acelerar el deterioro de nuestro sistema corporal. En Puerto Rico y en muchas partes del mundo, el uso de las grasas trans en la comida que venden los establecimientos ha sido prohibido. Sin embargo, muchas personas aun consumen estas grasas a diario.

¿Qué son las grasas trans, y si son tan malas, qué hacen en nuestras dietas? La existencia de estas grasas se remonta a hace cien años, cuando la industria de alimentos las creó con el fin de utilizar los aceites líquidos como bloques sólidos de grasa. Los bloques de grasa rinden más, aguantan más tiempo sin ponerse rancios y son más fáciles de guardar que los aceites líquidos.

Irónicamente, en un principio también se pensó que estas grasas podían ser más saludables que la manteca o la mantequilla, y así fueron promocionadas. Sin embargo, nada podía estar más alejado de la realidad: desde hace más de 50 años se conoce que estas grasas artificiales no aportan ningún valor nutritivo ni algún beneficio a la salud y que, de hecho, eliminarlas haría mucho bien.

Un estudio reciente, publicado en la Revista de Nutrición de la Universidad de Harvard, sugiere que eliminar estas grasas de los alimentos resulta en disminución del riesgo de infarto miocárdico. Otros estudios científicos realizados durante los pasados veinte años también han concurrido en que estas grasas trans son básicamente un veneno para la salud: el consumir tan poco como el 1% de nuestra energía diaria en grasas trans es fatal para el corazón, porque eleva los niveles del colesterol malo (en inglés, LDL), disminuye los niveles del colesterol bueno (en inglés, HDL) y aumenta los triglicéridos en la sangre, entre otros factores de riesgo cardiovascular.

Según estudios epidemiológicos, el consumo de estas grasas, aun en pequeñas cantidades (de 2 a 7 gramos al día, o 20 a 60 calorías diarias) aumenta significativamente el riesgo de infarto cardiaco. Además, su consumo está asociado con desórdenes neurológicos, riesgo de diabetes tipo II y problemas en la formación del feto durante el embarazo, entre otros perjuicios que todavía están bajo investigación.

A pesar de la abundancia en la evidencia científica, y de que se ha constatado que estas grasas se pueden eliminar sin afectar mucho el sabor o el precio de los alimentos, muy poco se ha logrado. En Puerto Rico nos protege el nuevo mandado del 2006 que requiere que los alimentos pre-envasados notifiquen en su etiqueta nutricional la cantidad de grasas trans que contienen.

Aun así, los boricuas consumimos estas grasas a diario sin darnos cuenta: están presentes en comidas precocidas y empacadas. En el 2008 el Departamento de Asuntos del Consumidor de Puerto Rico (DACO) prohibió a los establecimientos de comida el uso de las grasas trans en la confección de alimentos. Aunque esto es un buen paso hacia una dieta más saludable, es importante que el consumidor intente erradicar estas grasas de su dieta.

UN NUEVO ACERCAMIENTO A LA TECNOLOGÍA MEDICINAL

Peter J. Rosado

Las tiritas, la maquinita, el pinchacito… todo esto es parte de la odisea diaria de los miles de diabéticos boricuas (el 13% de la población) que utilizan este simple método comercial para monitorear sus niveles de azúcar. ¿Se ha preguntado usted cómo una tirita y una maquinita del tamaño de un reloj lo ayudan a medirse el azúcar? Utilizando biosensores. Últimamente, el tema de los biosensores y materiales funcionales ha tomado auge en las ciencias naturales como la química y la física. El uso de materiales orgánicos, como sensores naturales (biosensores), es un tema de sumo interés y uso en las áreas de la química farmacéutica, química medicinal, y hasta otros tipos de áreas como la química de polímeros y la manufacturación de "coatings".

Un biosensor es un material que contiene un componente biológico que "identifica" la presencia de una substancia química específica que se desea estudiar, conocida en la química como un analito. Un típico biosensor se compone de tres partes: un elemento biológico (alguna enzima o proteína que interactúe con el analito), un medio que asocie ambos componentes y un elemento que sirva como detector del analito que deseamos estudiar.

Precisamente, las tiritas para medirse la azúcar son biosensores. Estas tiras están compuestas de una enzima llamada óxido de glucosa y un compuesto llamado ferrocianida que ayudan al sensor electrónico (la maquinita) a "detectar" la concentración de glucosa en la muestra de sangre. El funcionamiento del sensor es sumamente simple: el usuario se da un pinchacito (del que tanto se quejaba José Feliciano en los anuncios) y coloca su muestra de sangre en la tira. La glucosa en la sangre reacciona químicamente con la enzima y forma ácido glucónico, el cual reacciona con la ferrocianida presente en la tira. Cuando se inserta la tirita en la maquinita, la ferrocianida reacciona con un electrodo electrónico y un sensor detecta los niveles de la reacción, que son proporcionales a los niveles de azúcar. ¡Voilà! Aparece el numerito –que ojalá que esté por debajo de los 100 mg/dL– que indica el nivel de azúcar.

La manufacturación de biosensores con motivos de administración de drogas ha sido muy investigada. Recientemente, se han diseñado biosensores que podrían ayudar a "autocontrolar" ciertas enfermedades. Un ejemplo de esto son los biosensores que buscan autocontrolar la diabetes. Sensores que se pueden implantar en el ser humano, y que monitorearían las concentraciones de glucosa por meses o años, están bajo investigación en estos momentos. Esto es una nueva esperanza para los que sufren de la grave enfermedad, ya que estos biosensores podrían detectar la concentración de glucosa en la sangre y autoadministrar el medicamento (insulina), regulando así la enfermedad sin necesidad de inyecciones o pastillas.

Estos sensores también tienen posibles aplicaciones para la detección eficaz del cáncer y otras enfermedades, ya que estas enfermedades causan un cambio bioquímico en el ser humano. La detección de este cambio bioquímico podría utilizarse para diagnosticar la enfermedad en cuestión y controlarla.

Lo mejor de todo es que los biosensores aplicados a la administración de drogas son una tecnología innovadora, ya que utilizan materiales baratos, mecanismos simples, reacciones químicas sencillas y se dejan llevar por las señales biológicas o propiedades del analito para llevar a cabo su función.

TRATAMIENTO PARA LA ESCLEROSIS MÚLTIPLE EN EL EMBARAZO

Irving E. Vega

La esclerosis múltiple es una enfermedad neurológica que destruye la mielina, una capa adiposa que rodea las fibras nerviosas y que le da el nombre a la "materia blanca" de nuestro sistema nervioso. La mielina funciona igual que el material aislante que cubre los cables eléctricos, ayudando a conducir rápidamente el impulso eléctrico que, en el caso de las neuronas, es vital para la comunicación entre ellas. Cuando se destruye la mielina, la comunicación neuronal se afecta, creando problemas neurológicos que incluyen pérdida de sensación, así como problemas motores y cognoscitivos.

Esta enfermedad afecta a más de 400,000 personas en los Estados Unidos, la mayoría de éstos entre los 20 y 50 años de edad. Se desconoce la causa de esta enfermedad, pero muchos científicos piensan que la esclerosis múltiple es una enfermedad autoinmunológica, provocada por la ocurrencia de un elemento ambiental desconocido, por ejemplo una infección viral o bacterial. Se cree también que la genética puede jugar un rol en el desarrollo de la esclerosis múltiple, ya que se ha encontrado una alta incidencia entre primos.

La esclerosis múltiple es más común entre personas blancas, y se ha encontrado que su incidencia es mayor en personas que habitan en latitudes altas (sobre 40° de latitud), alejadas del ecuador. Sin embargo, no existe evidencia definitiva que demuestre que estos factores son fundamentales para el desarrollo de esta enfermedad. Se estima que alrededor de 4,000 puertorriqueños sufren de esclerosis múltiple, pero los datos sobre esta enfermedad en el archipiélago son escasos. Por esta razón, la Fundación de Esclerosis Múltiple en Puerto Rico realiza proyectos de investigación científica para conocer la incidencia de la enfermedad en Puerto Rico, edad promedio en la que se manifiesta, cuánto tarda la condición en ser diagnosticada, la influencia de la genética, entre otras cosas.

Estudios epidemiológicos indican que la esclerosis múltiple es de dos a tres veces más común en las mujeres que en los hombres. Aunque la razón se desconoce, algunos estudios sugieren que la diferencia en la densidad de la materia blanca entre hombres y mujeres puede contribuir a la discrepancia en la incidencia de esclerosis múltiple. En los hombres, la materia blanca es más densa que en las mujeres, excepto durante la preñez de la mujer. Una vez embarazada, los niveles de materia blanca aumentan en las mujeres. De hecho, se ha reportado que aquellas mujeres que sufren de esclerosis múltiple sienten una mejoría de los síntomas durante el embarazo.

De manera interesante, un estudio realizado por investigadores de la Universidad de Calgary en Canadá y publicado recientemente en una revista de neurociencia arrojó nueva luz sobre la esclerosis múltiple. Se demostró que durante el embarazo existe un aumento en la producción de mielina debido a la proliferación de las células que producen ésta sustancia en el sistema nervioso, conocidas como oligodendrocitos.

En este estudio se encontró que la proliferación de oligodendrocitos pareció ser promovida por la prolactina, una hormona liberada por la glándula pituitaria y cuya función más importante es la producción de leche materna, lo cual explica sus altos niveles durante el embarazo. Cuando los científicos inyectaron prolactina a ratonas no embarazadas que habían sufrido laceraciones en su espina dorsal, el centro de la materia blanca por excelencia, éstas recuperaron parte de la mielina que habían perdido. Se desconoce por qué o cómo la prolactina causa la remielinación de las fibras nerviosas, pero es tentador pensar que ésta podría ser una de las razones por las cuales las mujeres reportan mejorías en sus síntomas de esclerosis múltiple cuando están embarazadas.

Los resultados de este estudio sugieren que la prolactina podría, en un futuro, ofrecer una alternativa para tratar la esclerosis múltiple y ofrecer un alivio a todos aquellos que sufren los vestigios de enfermedades tan debilitantes como ésta.

Parte IV

Las ciencias "en arroz y habichuelas"

En las pasadas secciones presentamos ensayos que discutieron cómo se hace ciencia, cómo las ciencias nos permiten entender nuestro entorno, y cómo la ciencia impacta nuestra salud. Los avances científicos son un pacto entre las ciencias y la sociedad. Por ejemplo, los avances discutidos en las secciones previas se han logrado gracias a que algunos países y gobiernos han hecho un compromiso serio con el quehacer científico. Este compromiso ha facilitado el que los científicos puedan realizar descubrimientos que resulten en innovación para beneficio de esos países y de la raza humana. En esta sección leerás ensayos sobre descubrimientos científicos, pero explicados "en arroz y habichuelas". Esperamos que los ensayos ilustren una gran realidad: la importancia de las ciencias en nuestra sociedad. También esperamos que reflejen otra gran realidad: que si Puerto Rico quiere ser partícipe de la revolución biomédica que está sucediendo a nivel mundial, y beneficiarse de este crecimiento económico sin precedentes, es imperativo que tanto nuestra sociedad como nuestros gobernantes entiendan el vínculo entre la investigación básica, los avances en el campo de la salud y la innovación. Hay que apoyar el quehacer de la investigación básica, si queremos cosechar los beneficios de las ciencias en el campo de la salud y la innovación.

SE EQUIVOCAN LOS CIENTÍFICOS

Wilfredo Ortiz

El calentamiento global y la evolución de las especies son conceptos científicos de cierta controversialidad. Esta controversialidad tal vez se deba a la falta de comunicación entre los científicos y el público en general. En años recientes la revista *Science* (Vol. 316, pág. 56) y el *Washington Post* (15 de abril de 2007) publicaron artículos de Matthew Nisbet y Chris Mooney que critican el enfoque que han utilizado los científicos y los comunicadores de las ciencias para divulgar la información que evidencia el calentamiento global y la evolución de las especies. Chris Mooney es periodista corresponsal de la revista *Seed* en Washington, DC, autor del libro *The Republican War on Science* y escribe sobre ciencia y política en el blog "The Intersection".

Matthew Nisbet es profesor en la Escuela de Comunicaciones de la American University (Washington, DC), donde investiga las relaciones entre la ciencia, la política y los medios de comunicación. También escribe en el blog "Framing Science" sobre cómo los políticos, científicos y medios de comunicación utilizan distintos "frames" (o marcos de referencia) para manipular la opinión pública. El concepto de "frame" representa una selección de contexto y lenguaje que ayuda a identificar qué o quién es responsable del problema, y qué se debe hacer para resolverlo. Consideremos el caso del calentamiento global. A pesar de que la evidencia científica es clara y contundente, todavía hay un gran número de personas que dudan o no entienden la problemática del cambio climático. La existencia de dos líneas de pensamiento, una en acuerdo y otra en desacuerdo, promueve una dualidad de opiniones que tiene un origen político, no necesariamente basado en datos científicos.

La perspectiva proyectada en el documental "An Inconvenient Truth", presentado por el ex-vicepresidente demócrata Al Gore, es de índole catastrófica. Las consecuencias del calentamiento son impresionantes, pero no inmediatas. Algunos representantes del partido republicano, impulsados por fines políticos, se han dado a la tarea de resaltar la poca evidencia que contradice el documental y esto genera duda y confusión. Nisbet y Mooney sugieren que, en vez de utilizar una perspectiva catastrófica, se presente el problema del calentamiento global en un contexto moral y económico.

La evolución de las especies frente al creacionismo es otro ejemplo donde la ciencia ha utilizado el enfoque equivocado para llevar su mensaje. Nisbet y Mooney creen que algunos defensores de la teoría evolutiva han enfatizado mucho la perspectiva religiosa. En el libro *The God Delusion*, Richard Dawkins presenta la teoría evolutiva de Darwin como evidencia que desmiente el creacionismo. El choque entre las ideas científicas y religiosas no permite una convivencia pacífica entre ambas escuelas de pensamiento.

Uno de los críticos de la tesis presentada por Nisbet y Mooney es P. Z. Myers, un profesor de biología de la Universidad de Minnesota, que escribe sobre evolución y creacionismo en el blog "Pharyngula". Myers opina que el argumento presentado en el *Washington Post* y en *Science* es erróneo y que el mismo muestra las ciencias con una fachada aburrida. También considera que el propósito detrás del "frame" es el de enmascarar la información científica. Según Myers, el

Humedales como éste, en el Estuario de la Isla Plum en Massachusetts, podrían ser afectados por el aumento en el nivel del mar que podría ser causado por el calentamiento global. Los humedales de Puerto Rico correrían la misma suerte. Foto cortesía de Matthew Kirwan, Servicio Geológico de los Estados Unidos (USGS).

creacionismo no puede ir de la mano con la teoría evolutiva. Decir lo contrario u omitir el mensaje, pone en tela de juicio la integridad científica.

Esta controversia evidencia la necesidad de mejorar las destrezas de comunicación entre los científicos y el público en general. Los congresistas Doris Matsui de California y Bart Gordon de Tenesí reconocen esta deficiencia y han propuesto un proyecto de ley (llamado "Scientific Communications Act of 2007") que asigna fondos federales para educar a los estudiantes graduados en ciencia, ingeniería y matemática en áreas de comunicación. Matsui entiende que las ciencias juegan un papel muy importante en la política pública de temas tales como las investigaciones con células madres, las fuentes alternas de energía y la nanotecnología. "El decir de los científicos es muy importante en estos debates. Las herramientas de comunicación que van a adquirir a través de esta legislación ayudará a los científicos a articular sus conocimientos, de manera que informen al público en general y a las personas involucradas en la toma de decisiones", expresó la congresista demócrata.

CONOCE A LOS NUEVOS ENANOS

Wilson J. González Espada

Ya han pasado varios años desde que la Unión Astronómica Internacional (IAU por sus siglas en inglés) redefinió qué es un planeta. El resultado de esta nueva definición es que ahora existen ocho planetas en nuestro sistema solar: Mercurio, Venus, la Tierra, Marte, Júpiter, Saturno, Urano y Neptuno. Plutón, conocido hasta hace unos años atrás como un planeta, se considera ahora un planeta enano. Esta nueva categoría fue creada para acomodar cuerpos celestes, ya descubiertos o por descubrir, lo suficientemente grandes como para ser esféricos pero no tan grandes como los ocho planetas ya mencionados.

Los medios de comunicación, al conocer la nueva definición de lo que es un planeta, se concentraron en comentar que el pobre Plutón había perdido su rango de planeta. Sin embargo, el sistema solar ganó tres planetas enanos, junto a otros doce que están siendo considerados para esta categoría. ¿Cuáles son esos nuevos planetas enanos? Conozcámoslos.

Ya sabemos que Plutón es un planeta enano. Fue descubierto en 1930 por Clyde Tombaugh. Su luna más grande, Caronte, fue descubierta en 1978. En el año 2005, y gracias al telescopio espacial Hubble, se le descubrieron a Plutón dos lunitas más, llamadas Hydra y Nix. Plutón tarda 250 años en completar una vuelta alrededor del Sol. Aunque Plutón es probablemente el planeta enano más famoso, no es ni siquiera el más grande. Su diámetro de 2,300 km, es aproximadamente 400 km menor que el diámetro de Eris. Este planeta enano fue descubierto en el año 2005 por Mark Brown y su grupo de astrónomos. Eris tarda 557 años en completar una vuelta alrededor del Sol y tiene una lunita llamada Disnomia.

El planeta Ceres completa el trío de los planetas enanos oficiales. Ceres fue descubierto en 1801 por Giuseppe Piazzi. Con un diámetro de 950 km, Ceres completa una vuelta alrededor del Sol en 4.6 años. La historia de Ceres es paralela, en cierta manera, a la historia de Plutón. Originalmente, Ceres fue considerado como un planeta. A medida que otros cuerpos celestes más pequeños fueron descubiertos en la misma zona entre Marte y Júpiter, se decidió darles a todos ellos el nombre de asteroides, incluyendo a Ceres. De la misma manera, a medida que descubrieron más cuerpos celestes más allá de Plutón, se decidió crear la clasificación de planetas enanos.

Otros doce cuerpos celestes están en lista de espera para ser clasificados como planetas enanos. Al día de hoy, nueve de ellos se encuentran más allá de la órbita de Plutón, en un área conocida como el cinturón de Kuiper. Cinco de estos planetas enanos tienen nombre y son, en orden de mayor a menor diámetro: Orcus (1,600 km), Sedna (1,500 km), Quaoar (1,260 km), Ixion (1,100 km) y Varuna (900 km). Los otros cuatro aún no tienen nombre, pero se clasifican de acuerdo al año en que son descubiertos. Estos son, en orden de mayor a menor diámetro: 2005 FY9 (1,250 km), 2003 EL61 (1,200 km), 2002 AW197 (890 km) y 2002 TX300 (620 km).

Es importante enfatizar que, debido a la gran distancia entre el cinturón de Kuiper y la Tierra, el diámetro de estos planetas enanos no es muy preciso. Hoy en día los astró-

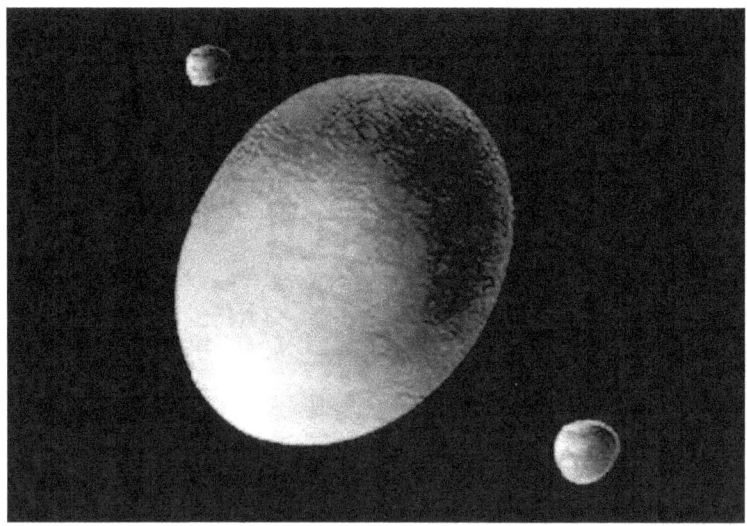

El planeta enano Haumea y sus lunas Hi'aka and Namaka. Foto cortesía de la Administración Nacional de la Aeronáutica y el Espacio (NASA).

nomos trabajan arduamente para obtener datos físicos aún más exactos.

Otro grupo de planetas enanos, al igual que Ceres, se encuentra entre la órbita de Marte y Júpiter. Estos son, en orden de mayor a menor diámetro: Vesta (555 km), Pallas (538 km) e Hygiea (450 km). Todos estos cuerpos celestes fueron descubiertos entre los años 1800-1850, y originalmente se consideraban asteroides.

A medida que los astrónomos desarrollan mejores técnicas para detectar y clasificar cuerpos celestes de pequeño diámetro, no hay duda de que la lista de planetas enanos continuará creciendo. ¡Quién sabe si el próximo planeta enano es descubierto por un astrónomo puertorriqueño!

¿DÓNDE SE GUARDAN LAS EMOCIONES?

Yaihara Fortis Santiago

¿Has escuchado estos versos?: "¿Quién me va a entregar sus emociones? ¿Quién me va a curar el corazón partío?" Esas son algunas de las líneas del coro de una famosa canción del cantante español Alejandro Sanz. En muchas ocasiones hacemos referencias psicoemocionales y tenemos la errónea concepción de que el corazón es el órgano central del cuerpo humano. Sin embargo, es el cerebro el que nos da identidad, recuerdos, dolores de cabeza, enfermedades psicológicas y emociones.

En el lenguaje popular, el corazón es el baúl de las emociones y el almacén de los sentimientos. En la terminología neurocientífica, la empresa que se encarga de guardar y reciclar nuestras emociones, es un complejo de estructuras llamado el ganglio basal. Específicamente, una estructura llamada la amígdala es la responsable de procesar, archivar y utilizar nuestras memorias emocionales.

Esta estructura en forma de almendra, que se encuentra en el lóbulo temporal humano (el cual puedes encontrar trazando una línea imaginaria unos centímetros más abajo entre la nariz y los ojos, y lateralmente entre las sienes y las orejas), se encarga de la formación y consolidación de memorias relacionadas con eventos afectivos o emocionales. Más

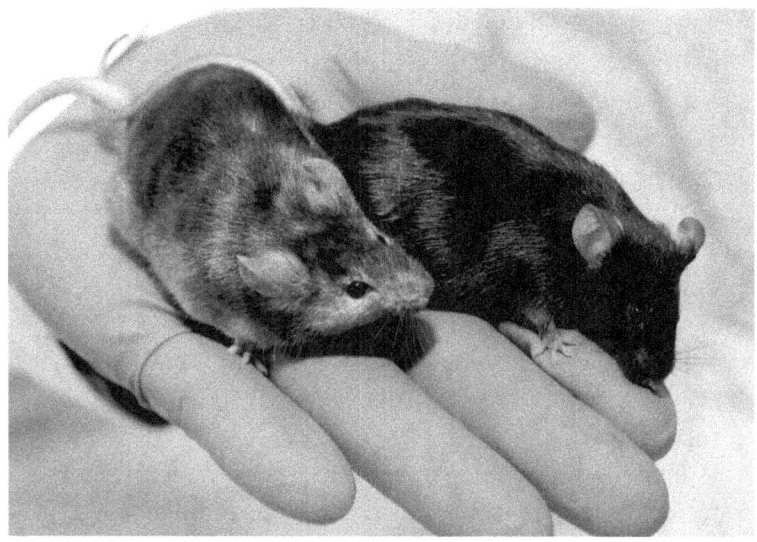

Estudios realizados en ratones como estos han revelado que la estructura cerebral llamada la amígdala es responsable de procesar, archivar y utilizar nuestras memorias emocionales. Foto cortesía del Instituto Nacional de Investigación Genética (NHGRI) y los Institutos Nacionales de la Salud (NIH).

de una década de estudios científicos han sugerido que las memorias psicoafectivas son guardadas en la amígdala, a través de un proceso llamado potenciación a largo plazo (LTP o Long-Term Potentiation por sus siglas en inglés). Durante la LTP, dos neuronas que transmiten información activamente, refuerzan su comunicación a través de diferentes cascadas de eventos químicos. El mensaje neural es transmitido, entre el espacio sináptico entre ellas, por sustancias llamadas neurotransmisores. Los neurotransmisores son como una carta en el correo, ya que se encargan de pasar el mensaje desde la neurona A (origen) hacia la neurona B (destino). Esta comunicación entre neuronas se refuerza durante la LTP, haciendo que la información se almacene en diferentes centros cerebrales (en este caso en la amígdala) y que nosotros luego podamos expresarla o recordarla.

En la década de los noventa, el Dr. Joseph Ledoux, entre otros neurocientíficos, descubrió que las respuestas fisiológicas al miedo son producto de señales neurales enviadas desde la amígdala a otras áreas del cerebro. Su modelo etológico de condicionamiento de miedo (fear conditioning) ha traído muchos avances al entendimiento de cómo se procesa la información relevante a los estados afectivos. También ha permitido la posibilidad de crear drogas y tratamientos específicos para tratar este tipo de trastornos psicopatológicos, como lo es el síndrome de estrés post-traumático (PTSD, Post-Traumatic Stress Disorder) y las fobias extremas, entre otros trastornos.

Aunque la mayoría de estos estudios son hechos en laboratorios utilizando modelos animales que imitan las respuestas fisiológicas humanas, cada día se obtienen más y más piezas del rompecabezas neural que nos ayudan a entender cómo el cerebro codifica y decodifica nuestros estados de ánimo, nuestras respuestas afectivas y todo lo que cabe en el cajón de lo que en nuestro lenguaje popular llamamos emociones. Cabe mencionar que el funcionamiento del cerebro es similar entre especies, ya que muchas especies tienen cerebros complejos y compartamentalizados, lo que hace que los resultados puedan ser comparados entre especies.

Por ejemplo, se sabe que si se extrae la amígdala de los roedores, estos animales se tornan incapaces de hacer asociaciones afectivas en contextos peligrosos. El animal no aprende a relacionar su respuesta fisiológica con el estímulo que la propició. Por otra parte, ciertos estudios realizados en pacientes con lesiones quirúrgicas o naturales en la amígdala o en el lóbulo temporal sugieren que el paciente es incapaz de tener una respuesta emotiva acertada. En muchos casos se refiere a estos pacientes como alexitímicos, término que define la pérdida de poder expresar o manifestar emociones.

Muchos libros que estudian y promueven la existencia de un centro emocional en el cerebro han sido publicados en los pasados años, y estos libros ubican la amígdala en el centro de la historia. Daniel Goleman sugirió que los seres humanos tenemos inteligencia emocional. En su libro homónimo, el autor propone que las emociones se aprenden por refuerzos negativos y positivos, y hasta que es posible entrenarlas. Por otra parte, el Dr. Joseph Ledoux nos guía, en su libro *El cerebro emocional*, a través de los avances científicos que señalan a la amígdala como el ático de las emociones. Aunque todo parezca indicar que todas las respuestas afectivas se centran en la amígdala, hay otras áreas del cerebro involucradas en la consolidación permanente de ciertos eventos. Un ejemplo lo es el hipocampo, el cual guarda las memorias de navegación dentro del espacio, orientación y contexto.

No cabe duda de que los avances científicos harán posible el descubrimiento de tratamientos efectivos para trastornos afectivos y psicopatológicos. Así que, a lo mejor de aquí a unos años, seremos capaces de recomendarle a Alejandro Sanz un cardiólogo para que le cure el "corazón partío" y un neurocientífico para que le cure las emociones. Mientras tanto, el resto de nosotros pensará que lo que tenía Alejandro Sanz partío no era el corazón, sino la amígdala.

DUEÑO EL CEREBRO DE LAS ACCIONES

Mónica I. Feliú Mójer

La afamada poeta norteamericana Emily Dickinson escribió que "el cerebro es más amplio que el cielo... más profundo que el mar". Este fascinante órgano controla complejos procesos, desde nuestras funciones corporales vitales hasta el aprendizaje y la memoria. Los grandes filósofos griegos, como Hipócrates y Platón, se interesaron en el cerebro. Hipócrates dijo que el cerebro estaba relacionado con los sentidos y que era la sede de la inteligencia, mientras que Platón dijo que el cerebro era el centro de los procesos mentales. No es sorprendente entonces que miles de científicos hoy día, dediquen su vida a la neurociencia.

La neurociencia es el estudio del sistema nervioso, que incluye el cerebro, la médula espinal y las redes de neuronas sensoriales a través de nuestro cuerpo. Es una ciencia multidisciplinaria, que integra la biología, la química, la física y otras materias con el estudio de la estructura del sistema nervioso, su fisiología, el comportamiento, las emociones y las funciones cognitivas.

En décadas recientes la neurociencia se ha convertido en el campo de mayor crecimiento del mundo científico. Hay quienes dicen que el siglo XX fue el siglo de la genética, a consecuencia de los importantes avances y descubrimientos en ese campo durante ese período, y que el siglo XXI se convertirá en el siglo de la neurociencia. Prueba de la popularidad y los avances de la neurociencia es que en los últimos 30 años, al menos diez premios Nóbel han sido otorgados a científicos que hicieron descubrimientos relevantes en este campo.

La neurociencia estudia múltiples aspectos del sistema nervioso. Existen científicos que estudian el desarrollo del sistema nervioso; los neuroanatomistas estudian su estructura y organización. Hay quienes investigan los procesos cognitivos, como la percepción visual y la memoria, y otros estudian los procesos subyacentes al comportamiento.

Otros neurocientíficos estudian el aspecto computacional del cerebro. Este órgano, en muchas ocasiones es comparado a una super-computadora; una complicada red de células nerviosas o neuronas que llevan a cabo una serie de funciones. Algunos se dedican a estudiar el aspecto clínico de la neurociencia e investigan las causas, los efectos y posibles tratamientos para enfermedades como Parkinson, Alzheimer y esquizofrenia, entre muchas otras.

Mientras tanto, los neurocientíficos moleculares ven el cerebro como un conjunto de neuronas que a su vez están compuestas por genes, proteínas y moléculas vitales para la función neuronal. Por ejemplo, yo dedico mis días a investigar qué proteínas y genes son importantes para la transmisión sináptica, el proceso mediante el cual las neuronas se comunican.

De esta gama de neurocientíficos hay muchos en Puerto Rico. Nuestra Isla tiene una nutrida comunidad neurocientífica, contando con un Instituto de Neurobiología en el Viejo San Juan, al lado de El Morro. El Instituto es un centro interdisciplinario, asociado a la Universidad de Puerto Rico (UPR), en donde se investigan los mecanismos básicos del desarrollo y del funcionamiento del sistema

195

nervioso utilizando modelos simples, desde moluscos hasta mamíferos. Además, las Escuelas de Medicina de Ponce, de la Universidad de Puerto Rico y de la Universidad Central del Caribe, y los recintos de Mayagüez y Río Piedras de la UPR sirven de hogar para los neurocientíficos en Puerto Rico. El cerebro y el sistema nervioso son los que nos hacen humanos. Impactan cada aspecto de nuestra vida: funciones vitales, como respirar y el latir de nuestro corazón, cómo entendemos y percibimos nuestros alrededores, nuestros hábitos alimenticios y nuestro comportamiento.

EL HOMENAJE

Wilson J. González Espada

No cabía un alma en el auditorio. Todos esperaban ansiosos la entrada del homenajeado. El líder del evento se preparaba para leer la proclama. Su rostro reflejaba la seriedad de la ocasión.

Entre los presentes sólo se escuchaban murmullos dudosos: "¿Llegará? ¿Aceptará nuestro agradecimiento?" Sabían que su relación había tenido altas y bajas. En fin, que no siempre los presentes habían respetado al homenajeado. El arrepentimiento llegó, aunque tarde.

El sonido de una puerta que se abría produjo una inmediata reacción en el auditorio. Los invitados siguieron con la mirada al que entró, caminó por el pasillo y subió a la tarima. El silencio era absoluto, y la atmósfera tensa y pesada. El organizador del evento tomó la palabra.

"Amigos y amigas", dice el líder y continúa: "Nos reunimos hoy para otorgarle esta proclama a quien admiro, a quien nos ha cuidado a pesar de todo. A ti, nuestro Planeta Tierra, se te dedica este actividad." La proclama reza así:

—Por cuanto: Tu oxígeno sostuvo la biodiversidad vegetal y animal.

—Por cuanto: Tu refrescante lluvia sació nuestra sed, permitió la agricultura y alimentó ríos, lagos y mares.

Vista del planeta Tierra desde el espacio. Foto cortesía de la Administración Nacional de la Aeronáutica y el Espacio (NASA).

—Por cuanto: Tu fértil suelo sostuvo los sembrados que nos nutrieron.

—Por cuanto: Tu subsuelo produjo minerales y metales esenciales para la economía.

—Por cuanto: Tu clima nos dio una exquisita variedad de sitios para vivir, desde el calorcito tropical de Puerto Rico hasta las praderas y bosques.

—Por cuanto: Tu transparente aire permitió que la luz, el calor y la energía del Sol nos alcanzara.

—Por tanto: Nosotros, en representación de las especies que quedan en el planeta, expresamos nuestro más sincero agradecimiento.

Con voz baja y enferma, el líder concluyó: "La realidad es que sin ti, ninguna persona, animal o planta hubiese existido". El Planeta Tierra se acercó al podio y leyó la proclama nuevamente. Su rostro cambió imperceptiblemente. ¿Era esa una expresión de tristeza, compasión o pena? El Planeta Tierra respiró profundamente, como si fuera a decir algo... pero nada que dijera cambiaría la cruel y casi extinta realidad de sus vidas.

El auditorio se vació lentamente. Ya afuera, los presentes observaron a su alrededor: un cielo rojizo y lleno de contaminación, un abrasante calor producido por la saturación de dióxido de carbono y una llovizna acidísima e imposible de tolerar. A lo lejos, sólo los edificios más altos de la vieja ciudad despuntaban sobre la superficie del mar, decenas de pies más alto de lo normal. El tan temido calentamiento global había hecho estragos por casi 200 años. Aquellos días de abundancia, de cielos azules y agradables temperaturas eran sólo cuentos de bisabuelos.

Y el Planeta Tierra, testigo y víctima a la vez, lloró impotente...

LA ADICCIÓN A DROGAS:
UNA INTERROGANTE NEUROCIENTÍFICA

Carmen S. Maldonado Vlaar

La adicción a drogas es un serio problema social y de salud pública que afecta a millones de seres humanos en Puerto Rico y el mundo. Diariamente, miles de personas sucumben a la necesidad de usar drogas lícitas o ilícitas. La neurociencia tiene como uno de sus más grandes retos el identificar las bases neurobiológicas de la adicción e identificar estrategias terapéuticas efectivas para tratar esta enfermedad neuropsiquiátrica. Los neurocientíficos saben que todas las drogas de abuso actúan en un circuito cerebral conocido como la vía mesolímbica de dopamina, también conocido como el "circuito del placer". La dopamina es uno de los neurotransmisores más importantes en el cerebro, teniendo roles en el control del comportamiento, actividades motoras, motivación y recompensa, entre otras. En este circuito mesolímbico, a través de mecanismos celulares directos o indirectos, las drogas de abuso inducen la liberación de dopamina, lo cual para el cerebro es sinónimo de placer. Por lo tanto, las drogas de abuso, artificialmente, propician placer en nuestro cerebro.

El circuito mesolímbico interactúa de una manera muy compleja con diversas estructuras cerebrales que son responsables de los diferentes efectos neurofisiológicos y conductuales que se les atribuyen a las drogas de abuso. Más aún, el uso crónico de las drogas resulta, a la larga, en una drogodependencia que se cimienta en cambios neuronales duraderos que mantienen al adicto avasallado dentro de un ciclo de búsqueda compulsiva de la droga sin medir las consecuencias. Debido al impacto directo que tiene el abuso de drogas en el cerebro, la neurociencia se ha tomado la tarea de estudiar a fondo las bases neurobiológicas y conductuales de esta condición de salud mental.

En Puerto Rico, la gesta investigativa, dirigida a identificar y estudiar las protagonistas neuronales de la adicción, cuenta con varios estudiosos. Entre ellos, en el Recinto de Ciencias Médicas de la Universidad de Puerto Rico, se encuentran la doctora Annabell Segarra y el doctor Carlos Jiménez Rivera, ambos del Departamento de Fisiología. La doctora Segarra estudia el rol que fungen las hormonas como el estrógeno en la susceptibilidad de mantener un uso crónico de cocaína. Además, su proyecto de investigación abarca la interrogante de cómo las endorfinas, nuestros analgésicos naturales, modulan la activación del placer causado por la drogodependencia a la cocaína. Por su parte, al doctor Jiménez Rivera le interesa examinar cómo la norepinefrina, otro neurotransmisor relacionado con el estado de ánimo, regula la fisiología del sistema mesolímbico durante la adicción a la cocaína. Los hallazgos de ambos laboratorios aportan significativamente al campo, ya que identifican posibles candidatos neuronales y celulares para desarrollar estrategias terapéuticas contra la adicción.

En el Recinto de Río Piedras, Departamento de Biología, nuestro laboratorio se dedica a investigar las bases neuroanatómicas, celulares y moleculares de los procesos de aprendizaje asociativo presente en la adicción. Nuestra investigación se fundamenta en el entendimiento de los orígenes neurobiológicos de la paralizante disyuntiva que confrontan los adictos al retornar a sus entornos usuales y revivir todas las memorias y sensaciones asociadas a la droga. Sin intervención ni ayuda, estas personas suelen reincidir fácilmente en el uso de drogas, perpetuando su conducta adictiva. A través de los años, en estos tres laboratorios universitarios de la Isla, se han adiestrado decenas de estudiantes graduados y subgraduados en el campo de la neurobiología de la adicción. De esta forma se preparan nuevos neurocientíficos puertorriqueños comprometidos con la búsqueda de opciones y soluciones para este problema de salud pública que tanto afecta a nuestra sociedad.

PLUTÓN VA AL PSICÓLOGO

Wilson J. González Espada

El psicólogo terminó la consulta con el planeta Urano justo a tiempo. Aún recordaba los traumas de Urano causados por su extraña rotación y su feo nombre. Cuando le dijo a Urano que no tenía por qué preocuparse, ya que su rotación lo hacía único en el sistema solar, éste se sintió especial y su autoestima mejoró considerablemente. En cuanto al nombrecito, no hay remedio. Debería agradecer que no lo nombraran Asclepiodoto o Chindasvinto.

Ahora le toca el turno a Plutón, un planeta que ha pasado las de Caín últimamente. Ha aparecido hasta en las noticias, creando una controversia que lo ha dejado con una crisis de personalidad. Pasaron casi diez minutos antes de que Plutón llegara. "Es que de aquí a mi órbita son casi 6,000 millones de kilómetros", se excusó. "¡No es fácil llegar a tiempo con tanto viaje!"

Plutón se acomodó en un acolchonado diván. Pensativo, Plutón sentía el peso del sistema solar en sus hombros. "Cuéntame cómo te sientes", dijo el psicólogo.

"Estoy bien agita'o. Lo que más me enoja del debate es que no es culpa mía", dijo el triste Plutón. "En cierta medida, entiendo a los astrónomos que me descubrieron en 1930 y que me dijeron que era un planeta. En ese tiempo no había los telescopios poderosos que hay ahora y no sabían que más allá de mi órbita había otros cuerpos celestes parecidos a mí. Pero cuando le dicen a uno que es un planeta, uno se siente importante. Yo no era cualquier asteroide, meteorito o cometa perdido por ahí. Y cuando en 1978 descubrieron que tenía un satélite, mi inseparable Caronte, me sentí más seguro todavía de que era un planeta.

"Es verdad. Hasta ahora todas las enciclopedias decían que eras un planeta", comentó el psicólogo. "¿Qué pasó entonces?"

"Algunos astrónomos siempre dudaron de que yo era un planeta de verdad. Chévere, me tardaba 248 años en completar una vuelta alrededor del sol, pero por lo menos la completaba, como todos los demás planetas. Otros decían que si hay cuatro planetas rocosos cerca del sol (Mercurio, Venus, Tierra y Marte) y si los planetas más alejados son gaseosos (Júpiter, Saturno, Urano y Neptuno), ¿qué hacía un planeta helado como yo tan lejos del sol? A lo mejor no se formó como los demás."

Filosofando, el psicólogo dijo: "Siempre hay algo de controversia en la ciencia. Aunque los datos son los mismos, no siempre los científicos llegan a un consenso. Igual pasa con la evolución y el calentamiento global..."

"Yo lo sé", interrumpió el atribulado planeta. "El debate se encendió cuando siguieron encontrando planetas pequeños cerca de donde yo estaba. ¡Creo que encontraron uno que era hasta más grande que yo!" El psicólogo contestó: "Pero descubrir nuevos planetas es bueno para la ciencia..."

"Sí, pero el problema es el siguiente: ¿van los científicos a seguir nombrando un ramillete de planetas? Eso quiere decir que habría que cambiar los libros y las enciclopedias cada vez que se descubriera uno nuevo. La otra opción sería quedarse con los ocho planetas clásicos, los descubiertos antes del año 1900, llamarme a mí y a cualquier otro planeta nuevo en esa área un planeta enano, y dejarlo ahí. Eso es como si

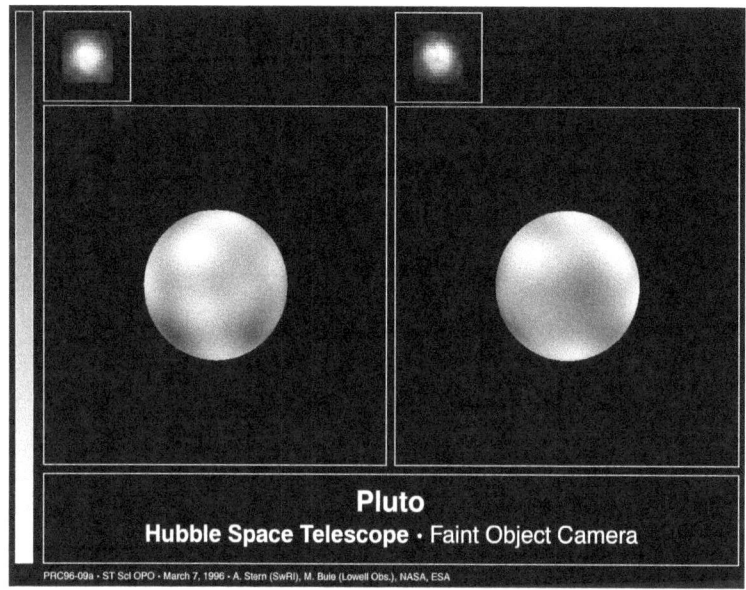

Imagen de la superficie de Plutón, tomada por el telescopio Hubble. Foto cortesía de Alan Stern (Instituto de Investigación del Suroeste), Marc Buie (Observatorio Lowell), la Administración Nacional de la Aeronáutica y el Espacio (NASA) y la Agencia Espacial Europea (ESA).

a un teniente lo bajaran a guardia de palito. Lo único bueno que salió de este escándalo fue que los astrónomos me observaron cuidadosamente y me descubrieron dos lunitas adicionales.

"¡Qué bien! Las tenías bien escondidas...", felicitó el psicólogo. Luego de una larga pausa, agregó: "Tengo que pensar un poco sobre tu caso. En la próxima cita te daré mi diagnóstico. Estoy seguro de que te vas a sentir mejor."

Plutón salió de la oficina del psicólogo, su caso aún sin resolver. Mientras, el psicólogo pensó profundamente sobre el caso de Plutón y su conflicto de personalidad. De repente recordó su próxima cita con el planeta Saturno. Aparentemente Saturno está paranoico por unas fotos no autorizadas tomadas por la sonda Cassini–Huygens, que algún descarado puso en internet...

205

EN AVANZADA LA NANOTECNOLOGÍA

Wilfredo Ortiz

¿Sabía usted que es posible que haya regalado o comprado algún producto de belleza, para el hogar o equipo deportivo que sea fruto de la nanotecnología? Nano es un prefijo que denota una dimensión en el orden de 10^{-9} (diez a la negativo nueve) metros. Si ponemos esta medida en perspectiva, una molécula de azúcar, de esas que endulzan nuestro rico café puertorriqueño, mide aproximadamente un nanómetro, y un cabello humano es casi 50,000 veces más grande que una molécula de azúcar.

Pero, ¿qué es la nanotecnología? Es la tecnología que utiliza las propiedades microscópicas de los átomos y las moléculas para crear y desarrollar materiales con nuevas propiedades. Se estima que hoy día existen sobre 300 productos disponibles al consumidor que, de una manera u otra, contienen elementos de la nanotecnología.

En la página web www.nanotechproject.org, puede encontrar una lista de artículos disponibles en el mercado actual que tienen algún elemento nanotecnológico. Entre los productos que allí se mencionan, existen abrigos, guantes, baterías, cremas para la piel, reproductores MP3, raquetas de tenis y hasta contenedores de comestibles, por mencionar sólo algunos. Entre los elementos más comunes utilizados en la creación de estos productos, se encuen-

Microesferas de dióxido de titanio. La nanotecnología usa el dióxido de titanio, un compuesto que refleja los rayos ultravioleta del sol, para formular bloqueadores solares. Foto cortesía de Sascha Klein, Fred Lange y David Pine de la Universidad de California, Santa Bárbara y la Fundación Nacional de la Ciencia (NSF).

tran nanopartículas de plata, que se utilizan para proteger los alimentos contra las bacterias, y los nanotubos de carbono, interesantes y útiles, ya que generan materiales de poco peso y alta dureza.

Recientemente la revista *Nature* publicó un estudio, realizado por el Centro para Nanotecnología Biológica y Ambiental de la Universidad de Rice (Houston, Texas) y el Centro de Nanotecnología de la Fundación Nacional de la Ciencia (NSF, por sus siglas en inglés) y auspiciado por la NSF, sobre la percepción del público en general respecto a productos de contenido nanotecnológico. El estudio buscaba contestar la siguiente pregunta: ¿Qué motiva al público en general a apoyar productos nanotecnológicos? También buscaba cuantificar la percepción pública sobre sus beneficios y riesgos. El estudio demostró que el 69% de los encuestados saben poco o nada de la nanotecnología. También reveló que cuando se analizan sus riesgos y beneficios, se busca compararla con otras tecnologías existentes, como por ejemplo la nuclear y la genética. Se estima que, para el 2014, el mercado de productos con origen nanotecnológico alcanzará los $2.6 trillones. Es por esto que durante la administración del presidente Bill Clinton se estableció la Iniciativa Nacional Nanotecnológica, que asignaba fondos del gobierno federal para catalizar su desarrollo.

Para los expertos en la materia, es evidente la importancia de seguir impulsando la nanotecnología. A nivel nacional, sin embargo, es crucial que el público en general también entienda y comprenda sus beneficios y riesgos. La desinformación puede poner en riesgo la política pública y la inversión financiera que alimentan el desarrollo de esta beneficiosa y prometedora tecnología.

GEOLOGÍA, LA CIENCIA NUESTRA DE TODOS LOS DÍAS

Pablo A. Llerandi Román

A los puertorriqueños nos gusta comenzar el día alegremente. Diariamente vamos a la cocina, tomamos los utensilios e ingredientes de comida y preparamos un rico desayuno que saboreamos acompañado de una tacita de café colao. También escuchamos la radio y leemos el periódico. Al salir en el carro a estudiar o trabajar, observamos el paisaje urbano y rural. Dondequiera vemos la huella de los avances tecnológicos, desde los utensilios de cocina, hechos de metal o plástico, hasta el papel del periódico, las autopistas, los celulares, los carros, la gasolina y las computadoras.

Para nosotros los geólogos, todos estos elementos, incluyendo la comida, tienen un factor en común: provienen de las rocas y los minerales. Sí, así como lo oye, de las rocas y minerales. Algunos pensarán que estoy loco o que soy un fanático de la geología. Aunque tengo que aceptar que es posible que tengan razón, en esta ocasión los reto a pensar sobre el origen de los materiales que utilizamos, lo que consumimos, y sobre el significado de las rocas y minerales en nuestras vidas. Al final de este ejercicio de reflexión y aprendizaje entenderemos la geología como lo que es: una ciencia fascinante con la que nos relacionamos diariamente.

Para conocer la relación de la geología con nuestro diario vivir debemos entender los procesos que producen y transforman a las rocas y minerales. Es importante saber que las rocas cambian constantemente. Una vez formadas en ambientes específicos de la superficie y el interior del planeta las rocas se trasladan a nuevos ambientes y pueden transformarse en otras rocas. Estos cambios ocurren mediante procesos relacionados con las diferencias en la densidad, temperatura y presión de los materiales en los ambientes de formación, el transporte y deposición de sedimentos y el movimiento de las placas tectónicas. Como resultado, se producen interacciones físicas y químicas con otras rocas, agua y gases presentes en el nuevo ambiente. Los minerales, componentes esenciales de las rocas, se ajustan a los cambios de ambiente transformándose en minerales distintos mediante la meteorización.

La meteorización física es un proceso en el que las rocas se rompen en fragmentos más pequeños. La meteorización química es un proceso de transformación de los minerales que componen las rocas y sedimentos mediante la interacción con el agua, la atmósfera y los productos de organismos vivos. Los minerales, al ser meteorizados, se transforman en minerales nuevos y más estables. La meteorización produce suelos que se forman en el mismo lugar donde las rocas y sedimentos fueron meteorizados. Los suelos están compuestos de material biológico, agua, aire y minerales. El tipo de suelo y su calidad dependen de las rocas, los organismos y la influencia de las condiciones atmosféricas, geológicas y geográficas presentes en el lugar de su formación.

Seguramente algunos se preguntarán, ¿cómo se relaciona todo esto con nuestro diario vivir? Vamos a ver. El suelo produce el café que tomamos en la mañana. También produce los vegetales, especias, granos, frutas y viandas que consumimos a diario. Las gallinas, los cerdos, las vacas y otros animales que comemos se alimentan de productos de-

La geología está en todas partes, desde los recursos que utilizamos para el desarrollo tecnológico hasta el patrimonio cultural de nuestro pueblo. Foto de las Cuevas de Camuy, cortesía de Jerry Pan y Helen Weng.

rivados del suelo. Además, la materia vegetal y animal depositada en el suelo es descompuesta por microorganismos y sirve de fertilizante valioso que utilizamos para mejorar la producción agrícola. En otras palabras, el suelo y sus procesos nos obsequian los productos de consumo que encontramos en los supermercados, placitas y guagüitas para nuestro deleite.

Entender el origen de los suelos no sólo nos permite conocer de dónde viene lo que consumimos, sino que también nos ayuda a tomar acción sobre diversos aspectos relacionados con el cambio climático global, posiblemente uno de los mayores retos que enfrentamos como sociedad. Esta información demuestra que los procesos terrestres y los suelos conectan a la geología con nuestra sociedad de una manera significativa. De igual forma, el imprescindible papel de las rocas en nuestro desarrollo tecnológico y cultural merece nuestra atención.

Las rocas son fundamentales en el desarrollo de los suelos. Si las rocas no se meteorizaran no tendríamos suelos, y sin suelos posiblemente no hubiésemos evolucionado biológicamente y socialmente como lo hemos hecho. Igualmente, desde los comienzos de la evolución humana las rocas y sus componentes han servido como herramientas, como objetos venerados por su simbolismo cultural y ecológico y se han utilizado como fuente de materia prima y energía. Hoy en día es difícil pensar en nuestras posesiones materiales sin tener en cuenta su origen relacionado con las rocas. Los plásticos y metales que dan vida a la tecnología que utilizamos se originan en los hidrocarburos extraídos en campos petroleros y en las minas alrededor del mundo.

Las minas de Puerto Rico no son la excepción. En varios períodos desde el siglo XVI hasta mediados del siglo XX se extrajo guano en Isla de Mona, plata y plomo en Guayama, plata y oro en San Germán, oro y cobre en El Yunque, manganeso en Juana Díaz, hierro en Juncos y cobre en Naguabo. Estas actividades están directamente relacionadas con la economía global, de la que Puerto Rico es parte integral.

También es necesario reconocer que las rocas y minerales no sólo son una fuente de recursos económicos y tecnológicos. Por ejemplo, luego de que se identificaran yacimientos de cobre y otros metales entre Utuado y Adjuntas, a finales de la década del cincuenta, algunas compañías mineras propusieron desarrollar más de quince fosas de extracción. Estas fosas y los productos de la minería a cielo abierto iban a cambiar significativamente la geografía y calidad ambiental de Puerto Rico. Pero a mediados de los años noventa, luego de muchos años de lucha, el pueblo se unió en una protesta masiva que dio lugar a un proyecto de ley que prohíbe la minería a cielo abierto en Puerto Rico. En este caso, el patrimonio ambiental y cultural pudo más que el desarrollo económico. Hoy en día, el Bosque del Pueblo en Adjuntas representa esa otra cara de la geología puertorriqueña: el valor simbólico de nuestras rocas. Valor que tanto tuvieron presente nuestros indígenas al elaborar sus petroglifos, cemíes y aros líticos.

La geología está en todas partes, desde los recursos que utilizamos para el desarrollo tecnológico hasta el patrimonio cultural de nuestro pueblo. La próxima vez que estudien o admiren una roca o mineral recuerden que están utilizando conocimientos milenarios adquiridos a través de la ciencia nuestra de todos los días.

LA VERDAD QUE TODOS DEBEN CONOCER SOBRE INDIANA JONES

Johanna Padró Irizarry

¿Quién no conoce a Indiana Jones? Desde su primera película hace casi 30 años, las aventuras de este famoso profesor de arqueología han fascinado a miles con su peculiar mezcla de acción y comedia. Desde ese punto de vista, las películas de esta serie son, sin duda alguna, de las mejores y más taquilleras en la historia del cine. Por el contrario, y como imagen del trabajo que realiza un arqueólogo, estas películas son tan fantasiosas como las historias que cuentan.

En *Cazadores del Arca Perdida*, Indiana Jones se adentra a una caverna donde lucha con serpientes y evade peligrosas trampas, hasta llegar a la cámara principal donde se encuentra con el objetivo de su exploración: la "estatua dorada." Desde esta primera aventura, Indi logra captar con éxito la imaginación del auditorio; pero, al mismo tiempo, les envía un mensaje equivocado acerca de cómo se hace un buen trabajo arqueológico.

Una de las pocas cosas correctas que presentan en estas películas acerca del trabajo arqueológico, es la necesidad de viajar. En cada una de las películas vemos a Indiana visitar fascinantes destinos donde, entre selvas y desiertos, conoce a personas de distintas culturas. En la vida real los arqueólogos pueden realizar investigaciones en lugares distantes y exóticos, pero de igual forma, pueden trabajar a pocos minutos de su casa. Lo que mueve a los arqueólogos a investigar es el entendimiento de las culturas desaparecidas y, en ese sentido, todas las culturas, ya sean simples o complejas, son importantes para entender el pasado de la humanidad. En otras palabras, no es necesario hacer una excavación arqueológica en Egipto o en la India para que sea interesante y para que los hallazgos sean relevantes para la ciencia.

Otro aspecto real del trabajo arqueológico que presentan estas películas es la necesidad que tiene el arqueólogo de leer. ¡El problema es que en el cine esa tarea se presenta increíblemente simplificada! En la vida real los arqueólogos tienen que dedicar largas horas a leer referencias como parte de sus estudios de trasfondo. Esto es necesario, ya que los arqueólogos se especializan en indagar cómo vivían las personas en tiempos pasados y, para hacerlo, sólo cuentan con los artefactos que éstos hayan dejado y que han quedado enterrados por largos periodos de tiempo. De esta forma, el trabajo comienza con la lectura de todas las referencias que traten los temas relacionados con el problema que se va a investigar. Ello implica conocer sobre la localización del sitio donde se va a excavar, sobre la historia de los pueblos que habitaron el lugar y sobre las plantas y animales que convivieron con las personas, entre otras tantas cosas. De igual importancia es conocer qué otros trabajos se han realizado con anterioridad, ya sea por arqueólogos u otro tipo de investigadores.

Es sólo cuando se sienten plenamente preparados sobre el tema y el lugar que van a trabajar, que los arqueólogos diseñan una estrategia de excavación. Esto incluye conseguir fondos para cubrir los gastos de la investigación, comprar equipo y contratar las personas que los ayuden con el trabajo de campo y el análisis de los artefactos que encuentren

215

durante la excavación. Es después de toda esta preparación, que el arqueólogo comienza la excavación, es decir, la búsqueda de la cultura material.

Lo que vemos hacer a Indiana Jones en las películas es muy distinto de lo que hacen los arqueólogos en la realidad. Por ejemplo, los arqueólogos dan mucha importancia a realizar sus excavaciones de forma organizada y detallada. Dicho de otra forma, jamás verán a un verdadero arqueólogo entrar a un sitio arqueológico corriendo y saltando de forma desordenada. El éxito del verdadero trabajo arqueológico requiere que el sitio y los artefactos sean excavados con el mayor cuidado, de manera que se pueda recuperar la mayor cantidad de artefactos y en la mejor condición de preservación posible. Mientras más y mejores datos pueda recuperar el arqueólogo, mejor será la imagen que éste pueda obtener acerca de cómo vivían las personas en las sociedades del pasado.

Posiblemente, el mayor error que muestran estas películas sobre la arqueología es la importancia que se les da a los artefactos de valor. Estatuas de oro, arcas con poderes sobrenaturales y enormes diamantes son sólo algunos ejemplos de los "tesoros" que Indi recupera en sus aventuras. Los arqueólogos, sin embargo, no buscan tesoros de rubíes y oro. Algunos hallazgos arqueológicos, como los de la tumba del faraón Tutankamón de Egipto, son considerados por el público como "tesoros", pues entre ellos hay piezas hechas de oro y piedras preciosas. Pero la realidad es que para los arqueólogos **todos** los artefactos son tesoros.

El valor de un artefacto arqueológico no se mide en dólares y centavos. El verdadero valor de un resto arqueológico está en la información única que éste pueda revelar sobre una cultura desaparecida. Todos los artefactos arqueológicos son invaluables, pues son los únicos testigos acerca de cómo vivían las personas del pasado y quiénes los usaron todos los días. De esa forma, los arqueólogos nos pueden decir cosas como: qué tipo de alimentos comían, cómo se vestían, cómo eran sus casas, cuáles eran sus herramientas, con qué armas cazaban, entre otras tantas cosas.

Para lograr una gran película de acción, Indiana Jones tenía que tener una profesión que justificara el viajar a lugares exóticos y encontrar tesoros. Como producto de las fantasías de Hollywood, las películas de Indiana Jones nos presentan una arqueología irreal, para que pueda ser parte de esas fantasías. Sin embargo, y después de todo, estas películas no están muy lejanas de la realidad, pues la arqueología puede ser muy emocionante. Día tras día, ya sea en el campo o en el laboratorio, los arqueólogos viven la aventura del descubrimiento del pasado, sin pistolas y sin látigo, pero el sombrero siempre les hace falta.

TUNGUSKA CUMPLE 100 AÑOS

Wilson J. González Espada

La Tierra sufre a diario el bombardeo de material proveniente del espacio. La mayoría de estos meteoroides no son mucho más grandes que un teléfono celular y, por su altísima velocidad, se desintegran al hacer contacto con la atmósfera. Las famosas "estrellas fugaces" que aparecen de vez en cuando, son el rastro luminoso del contacto de un meteoroide chiquito con el aire.

Claro, no todos los meteoroides son pequeños e inofensivos. Algunos son más grandes y pueden golpear a la Tierra o explotar en la atmósfera. El 30 de junio del 2008 se cumplieron 100 años de uno de estos impresionantes acontecimientos en Tunguska, Rusia. Se cree que aquel meteoroide era del tamaño de una guagua y viajaba a 35,000 millas por hora.

El increíble impacto de la explosión fue registrado por varios sismógrafos a 600 millas de distancia. Esto sería como si en San Juan se sintiera una explosión originada en Venezuela.

La explosión destruyó completamente más de 800 millas cuadradas de bosque, equivalente a un área cinco veces del tamaño de Arecibo, uno de los municipios más grandes de Puerto Rico. Los científicos estiman que la destrucción fue de una magnitud similar a la detonación de cientos de

Esta fotografía, tomada en 1927, ilustra el daño causado por el impacto del Tunguska. Foto cortesía de la Expedición de Leonid Kulik.

bombas atómicas como las usadas en la Segunda Guerra Mundial.

Afortunadamente, el área de Tunguska era muy remota y no hubo muchas muertes. Un impacto similar en una región poblada sería una catástrofe inimaginable. Es por esto que en California, la Administración Nacional de Aeronáutica y del Espacio (NASA) mantiene un programa para la detección de objetos cercanos a la Tierra, o NEO por sus siglas en inglés. Los NEO son mayormente meteoroides rocosos, metálicos o carbonáceos y residuos cometarios.

La detección de los NEO es muy difícil. Contrariamente a las estrellas, que emiten luz y pueden verse fácilmente, los NEO son casi opacos y se confunden con la oscuridad del espacio. Como la luz que reflejan del Sol es mínima, se usan instrumentos de alta sensibilidad para encontrarlos. Hasta el momento, la NASA mantiene bajo observación unos 900 meteoroides clasificados como "potencialmente peligrosos."

El problema no radica necesariamente en los NEO que ya se han descubierto, sino en los que no hemos visto todavía.

Por lo tanto, la Tierra siempre está en riesgo de una desagradable y peligrosa sorpresa: un meteoroide mediano o grande que nos coja fuera de base.

UN ROMPECABEZAS NEURONAL

José E. García Arrarás

Observe el punto final de esta oración. Con ese tamaño, usted empezó su camino por la vida, al unirse el espermatozoide y el óvulo, formando su primera célula. Ahora mírese en el espejo y pregúntese cómo llegó usted desde esa célula microscópica a lo que usted es hoy en día. ¡Impresionante! ¿No es cierto? Más fascinante aún es cómo, durante este proceso, se forma el órgano que nos diferencia de los otros animales: el cerebro.

Investigadores de todo el mundo estudian cómo se forma nuestro cerebro y el resto de nuestro sistema nervioso. En la Universidad de Puerto Rico también hay un grupo de científicos que estudian cómo se forman las células nerviosas, llamadas neuronas, y cómo éstas migran y establecen conexiones. En fin, los investigadores tratan de averiguar de dónde vienen las neuronas, cómo viven y cómo mueren. El poder descifrar este proceso ayudaría a entender, prevenir y curar enfermedades congénitas del sistema nervioso, como la espina bífida o la perlesía cerebral, y otras como el Parkinson y el Alzheimer que ocurren por la muerte de las neuronas ya en una etapa adulta.

Para llevar a cabo estos estudios, los científicos utilizan los organismos más extraños, pues a fin de cuentas, el sistema nervioso de los otros animales no es muy diferente al nuestro. Por ejemplo, en la Universidad de Puerto Rico, los doctores Jonathan Blagburn y Bruno Marie utilizan cucarachas y moscas para ver cómo se forman y se mantienen las conexiones (o sinapsis) entre las neuronas. De igual forma, el doctor Eduardo Rosa Molinar utiliza peces para estudiar cómo crecen las ramificaciones neuronales y cómo forman un circuito nervioso.

Otra forma de estudiar la formación del sistema nervioso es analizando lo que ocurre luego de un accidente o con una enfermedad. En algunos de estos casos, las células pierden sus conexiones o mueren. Es por esto que el doctor Irving Vega estudia las proteínas que causan muerte neuronal en los pacientes de Alzheimer, y el doctor Jorge Miranda estudia el crecimiento de las fibras nerviosas en ratas que han sufrido trauma en la espina dorsal. Sus resultados podrían servir para mejorar la calidad de vida de los pacientes que sufran problemas neurológicos.

Otros animales, sin embargo, demuestran una gran capacidad regenerativa; luego de ser heridos, pueden reformar las fibras nerviosas, rehacer conexiones y hasta formar nuevas neuronas. Por ejemplo, la rana puede regenerar su nervio óptico luego de cortado, una herida que dejaría ciego a un humano. La doctora Rosa Blanco estudia los factores que permiten este crecimiento, con la esperanza de algún día poder inducirlos en los humanos. En nuestro laboratorio en el Departamento de Biología de la UPR, usamos un animal aun más extraordinario: el pepino de mar. Nuestro equipo ha demostrado que estos animales pueden regenerar su sistema nervioso. La regeneración implica que se llevan a cabo los mismos procesos que ocurren durante el desarrollo del sistema nervioso, o sea, la formación de neuronas, el crecimiento de fibras, y su reconexión. Poder reproducir estos eventos en los seres humanos es el sueño de todo científico.

Y tal vez si podemos aprender cómo lo hacen las cucarachas, las ranas, los peces, las moscas y hasta el pepino de mar, algún día podremos aplicar nuestros conocimientos para prevenir y curar enfermedades del sistema nervioso de los humanos. Y también solucionar el misterio de cómo, a partir de ese punto final, se desarrolla un organismo con un cerebro donde millones de neuronas se conectan correctamente entre sí y funcionan para que usted se observe en el espejo y pueda preguntarse cómo llegó, desde una célula, hasta lo que es hoy en día.

PISTAS SOBRE LA MARAÑA CEREBRAL

Mónica I. Feliú Mójer

¿Cómo aprendemos esa canción pegá en la radio? ¿Cómo recordamos aquella mecedora de madera que nos gustaba cuando niños? El aprendizaje y la memoria son fascinantes fenómenos cerebrales que van de la mano. El aprendizaje es el proceso de adquirir conocimiento a través de la experiencia; éste produce la memoria, que a su vez se define como la habilidad del cerebro de retener y recuperar información. Los científicos saben que en el cerebro hay áreas críticas para el aprendizaje y la memoria, y que estas áreas funcionan como una red en la cual cada región tiene un rol diferente. Por ejemplo, el hipocampo es un área del cerebro sumamente importante para la formación de la memoria. Otra área importante es la corteza cerebral, en particular la corteza prefrontal, la cual ayuda en la retención de memorias a corto plazo. Una tercera área de importancia en el cerebro es la amígdala, que controla aspectos emocionales del aprendizaje y la memoria.

Recientemente tres grupos de investigadores boricuas publicaron artículos sobre sus estudios relacionados con el aprendizaje y la memoria en varias revistas científicas de importancia. En la revista científica *Learning & Memory* fue publicado un estudio desarrollado por Wanda I. Colón Cesario, del grupo de la Dra. Sandra Peña de Ortiz, de la UPR-Río Piedras, donde se investigó el rol de una proteína llamada Nurr1 en el hipocampo. Se sabe que esta proteína tiene un rol en el desarrollo de neuronas que se ven afectadas en los desórdenes como la esquizofrenia, pero se desconoce su importancia en los procesos de aprendizaje y memoria. Este grupo encontró que la supresión de Nurr1 en el hipocampo afecta el aprendizaje de las ratas y la formación de memorias a largo plazo. De manera interesante, las características de estas ratas son análogas a los síntomas de pacientes esquizofrénicos, depresivos y obsesivo-compulsivos, por lo que los descubrimientos como éste podrían arrojar luz sobre los mecanismos moleculares de estas enfermedades neurosiquiátricas.

Hay memorias transitorias, como las que nos permiten recordar por varios minutos un número de teléfono antes de marcarlo, y acto seguido olvidarlo. La corteza prefrontal es mediadora de este tipo de memoria, que decae según vamos envejeciendo. La administración de fármacos que estimulan ciertos receptores en el cerebro ayuda a mejorar esta función, pero se desconoce cuál es el mecanismo. El investigador boricua Brian P. Ramos, bajo la tutela de la Dra. Amy Arnsten en la Universidad de Yale, halló resultados que sugieren que estos fármacos actúan inhibiendo una proteína llamada segundo mensajero AMP cíclico. Esta proteína es sumamente importante en los procesos celulares, y su inhibición mejora la consolidación de la memoria.

El último integrante de este trío investigó el rol de la corteza prefrontal en la expresión del miedo aprendido, una conducta relacionada con ciertas condiciones, como el Trastorno de Estrés Post-Traumático. Aunque se sabe que la amígdala es el almacén de las memorias asociadas al miedo, se cree que la corteza prefrontal controla la manifestación de esas memorias almacenadas. Iván Vidal González, del grupo dirigido por el Dr. Gregory Quirk del Recinto de Ciencias Médicas, descubrió que dos subregiones de la corteza prefrontal, la subregión prelímbica y la subregión infralímbica, tienen efectos opuestos en la expresión del miedo aprendido, aumentando o disminuyendo, respectivamente, la expresión del miedo aprendido almacenado en la amígdala. El conocimiento de cómo funcionan estos circuitos relacionados con el miedo aprendido podría proveer tratamientos para pacientes con trastorno de miedo y ansiedad.

El aprendizaje y la memoria dependen de una maquinaria complicada y bien aceitada para su funcionamiento normal. Aunque descifrar este rompecabezas es una tarea titánica, día a día los neurocientíficos en Puerto Rico y el mundo se dedican a desenmarañar los secretos de los procesos que le permitirán recordar a usted lo que acaba de leer y saber que hasta en la neurociencia, los boricuas la ponen en la Luna.

La autora desea, a través de este artículo, rendir homenaje póstumo a Iván Vidal González, quien falleció trágicamente el 25 de agosto del 2006, en un accidente en las costas de Cabo Rojo. Puedes visitar la página en memoria de Iván en CienciaPR http:// cienciapr.org/ivanfamily

TECNOLOGÍA DEL HOMBRE ARAÑA, ¿DISPONIBLE PARA EL 2017?

Wilfredo Ortiz

Esa araña no era cualquier araña. Durante un pasadía escolar a un laboratorio de genética de una universidad metropolitana, una araña genéticamente alterada picó a Peter Parker. Horas más tarde, Peter experimentó unos cambios biológicos que le dieron la habilidad de trepar paredes y de disparar redes similares a la telaraña. El joven Parker se transformó en el Hombre Araña (Spider-Man).

¿No sería fantástico si nosotros pudiéramos trepar paredes de la misma forma que lo hace el Hombre Araña? Las investigaciones científicas en el campo de la nanotecnología auguran que dentro de los próximos 10 años ésta propuesta de la ciencia ficción será una realidad.

El arquitecto intelectual de este proyecto nanotecnológico es el profesor Nicola Pugno de la Universidad Politécnica en Turín, Italia. Su grupo de investigación está desarrollando un material compuesto de nanotubos con propiedades adhesivas muy fuertes.

Los protagonistas de esta visión futurista son los nanotubos de carbono. Los nanotubos son estructuras tubulares 1000 veces más finos que el pelo humano, imposibles de ver a simple vista. Además de sus propiedades físicas, los nanotubos de carbono poseen gran elasticidad y dureza, lo que los hace muy atractivos para el desarrollo de nuevos materiales. Cabe mencionar que los nanotubos de carbono son la primera sustancia conocida por la humanidad capaz de sostener indefinidamente su propio peso.

Conceptualmente fueron los gecos, no las arañas los que dieron paso al desarrollo de estos materiales adhesivos. ¿Por qué los gecos? Los gecos, estos pequeños lagartos de color marrón o gris oscuro (conocidos en Puerto Rico como salamandras, que en realidad son salamanquitas), tienen almohadillas adhesivas en las plantas de los pies que les permiten escalar superficies tan lisas como el vidrio, e incluso atravesar los techos patas pa' arriba. Estas almohadillas, que pueden sostener hasta 100 veces el peso del geco, están pobladas de microvellosidades que penetran las ranuras microscópicas de la superficie por donde caminan.

En los últimos años, las patas de los gecos han sido objeto de varios estudios científicos para buscar y entender el mecanismo por el cual las patas de los gecos se adhieren a cualquier superficie, sin la necesidad de sustancias químicas, ya que su adhesión es seca. Es una atracción puramente física.

Los estudios han demostrado que existen una fuerzas atractivas (llamadas de Van der Waals) entre las moléculas de las setae y las moléculas de la superficie que mantienen al geco adherido. Las setae son los pelillos de las almohadillas en la planta de los pies de los gecos. Las almohadillas en las patas de los gecos funcionan como un velcro silencioso que se pega y despega de cualquier superficie con facilidad.

En teoría, ya tenemos las botas y los guantes que nos permitirán trepar paredes, ahora necesitamos una especie de cable fino y resistente que podamos lanzar desde nuestros antebrazos. La flexibilidad y la alta resistencia hacen de los nanotubos de carbono ideales para la especie de cable de telaraña que utiliza el Hombre Araña para columpiarse entre los edificios de la Gran Manzana.

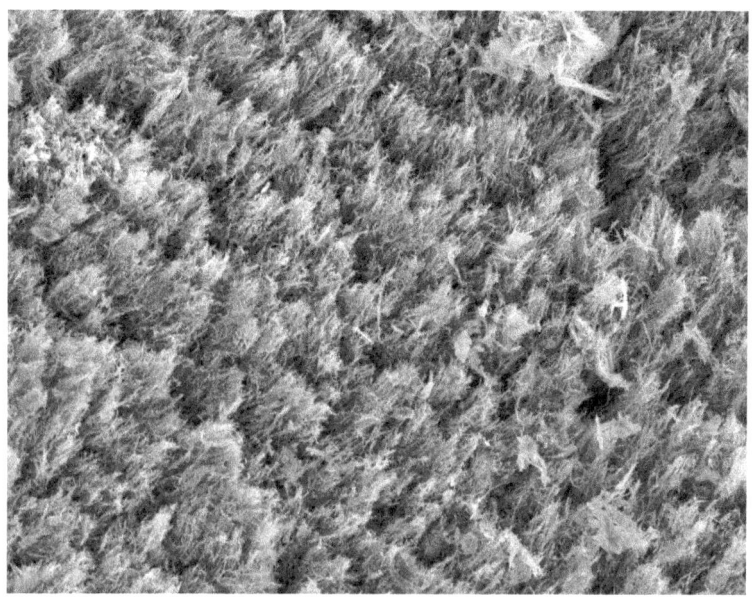

La nanotecnología se inspiró en las propiedades adhesivas de las almohadillas de las patas del geco para crear nanotubos de carbono con propiedades parecidas. Foto cortesía de Betul Yurdumakan de la Universidad de Akron, Nachiket Raravikar del Instituto Politécnico Rensselaer y la Fundación Nacional de la Ciencia (NSF).

La realidad es que el objetivo de estas investigaciones no es la creación de la indumentaria del Hombre Araña. Algunas compañías están interesadas en desarrollar estos materiales con fines militares y aeronáuticos. Dentro de los próximos años, muchos otros científicos alrededor del mundo seguirán trabajando arduamente a fin de desarrollar tecnologías con propiedades nunca antes vistas. La visualización y manipulación de la materia orgánica e inorgánica a nivel molecular dará paso a un mundo que creíamos posible sólo en la ciencia ficción. Quién sabe, quizás uno de estos días estarán disponibles para la venta guantes y botas que te permitan trepar paredes, de la misma forma que lo hace el Hombre Araña.

EVOLUCIÓN BIOLÓGICA Y LINGÜÍSTICA

Wilson J. González Espada

Muchas personas han tenido la experiencia de servir en un jurado o ver uno en la televisión. En la mayoría de los casos, los juicios son bien difíciles, y los miembros del jurado pasan un montón de trabajo sopesando la poca evidencia disponible. ¡Qué guame sería un juicio en el que haya vídeo del delito, quince testigos, prueba forense irrefutable y, para rematar, la confesión del acusado!

Algo parecido pasa con el tema de la evolución biológica. Los científicos han encontrado múltiples líneas de evidencia que apoyan esta teoría. Por ejemplo, miles de fósiles han sido descubiertos en los últimos cien años, y sus edades han sido comprobadas con análisis isotópicos. En este análisis, algunos elementos químicos se transforman en otros diferentes, a un ritmo constante. Si se conoce cuánto del elemento debió haber cuando murió el organismo y cuánto queda cuando el fósil es descubierto, se puede calcular cuánto tiempo tomó la transformación.

Otra línea de evidencia proviene de los avances en la genética, la ciencia que estudia los orígenes y la composición de las características hereditarias de los organismos. De hecho, se conoce que los perros, los gatos, los zorrillos y las focas comparten mucho material genético y pertenecen al mismo orden de parentesco, aunque se vean totalmente diferentes.

La evolución biológica puede verse claramente en aquellos organismos que se reproducen rápidamente. Cuando se introdujo el insecticida DDT, éste era muy efectivo para matar cucarachas. Aquellas cucarachas que sobrevivían al ser rociadas con DDT, debido a sus variaciones genéticas particulares, podían pasar su "fortaleza" a las futuras generaciones. Este proceso se ha repetido hasta el presente, logrando que algunas cucarachas sean resistentes a éste y otros insecticidas, lo que explica por qué, a veces, uno rocía una cucaracha con insecticida y ella sigue su camino de lo más campante.

A pesar del peso de éstas y otras líneas de evidencia, muchas personas todavía no consideran la evolución biológica como un hecho en la historia del planeta. Parte de la razón es que se nos hace bien difícil comprender escalas de tiempo y espacio que son increíblemente enormes. Es imposible, para una persona común, imaginar que la Vía Láctea, nuestra galaxia, mide como 587,900,000,000,000,000 millas de ancho y que es sólo una de más de 100,000,000,000 galaxias en el universo. Es imposible poder imaginar que en el centro de algunas galaxias existen objetos super masivos (agujeros negros) que pesan 10^{41} libras (un uno y 42 ceros a la derecha).

Una analogía que puede ayudar a la gente a entender cómo las cosas cambian a lo largo de miles de años, es el caso de la evolución del lenguaje. Existen, actualmente, cientos de idiomas y otros cientos que se han perdido en el tiempo, casi 6,000 años de historia escrita. Casi todos están relacionados entre sí en mayor o menor grado. Por ejemplo, el español y el ladino son dos idiomas provenientes del castellano. El castellano y el portugués provienen de la lengua ibero-romance. El ibero-romance y el galo-romance (familia del francés) provienen de la lengua romance occidental. A su vez, la lengua romance occidental, el rumano y el córcego provienen del latín. El latín, el germánico (familia del idioma alemán), el eslavo (familia del idioma ruso) y el indo-iraní (familia del idioma sánscrito), entre otros, provienen del idioma indo-europeo. El idioma indo-europeo, así como otros idiomas antiguos, se remontan a casi 6,000 años de antigüedad.

¿Qué ha creado todos estos idiomas a lo largo de la historia? Al igual que la evolución biológica, la separación geográfica de varios grupos por un periodo prolongado, es un factor que crea estas variaciones. En el caso de los idiomas, la separación ha creado nuevos idiomas. En el caso de la evolución biológica, la separación crea especies nuevas.

Otro punto de coincidencia entre la evolución biológica y la lingüística, es que, mientras más reciente es la familiaridad, más parecidos se encuentran entre idiomas o especies. Por ejemplo, el lobo y el perro se parecen mucho, ya que su ancestro en común no es muy antiguo. El español y el portugués se parecen mucho, ya que su ancestro en común (el ibero-romance) no es muy antiguo.

Además, ambas evoluciones continúan aún en el presente. El español de Puerto Rico suena un poquitín diferente al español de España y contiene cientos de palabras diferentes, debido a nuestra influencia africana, taína y estadounidense. A lo mejor, en el futuro, ambos idiomas serán lo suficientemente distintos. Del mismo modo, los famosos monos de Lajas podrían, en un futuro, crear una nueva especie diferente a la original.

Cuando uno no puede entender algo fácilmente, a veces una analogía puede aclarar el pensamiento. En el caso de la evolución lingüística, al ser ésta menos controversial y complicada, y al ocurrir en un periodo histórico relativamente corto, puede servir para entender un poco mejor cómo las especies biológicas se adaptan a su ambiente y geografía, posteriormente dando paso a nuevas especies.

URGE ACERCAR LA CIENCIA A LA GENTE

Mónica I. Feliú Mójer

La sociedad moderna depende de las ciencias, la investigación y sus aplicaciones para su funcionamiento normal. El transporte, los medios informáticos y de comunicación, los avances médicos, y los conocimientos sobre el Universo y el cuerpo humano son resultado del conocimiento científico. Dada esta estrecha relación, la sociedad debería poseer un entendimiento profundo de lo que hace la ciencia, su impacto y sus consecuencias. Sin embargo, existe un rampante analfabetismo científico, que ha creado un abismo entre la ciencia y la sociedad de la cual forma parte y que busca beneficiar.

El entendimiento se deriva del conocimiento. En un ensayo para la revista *Science*, Sydney Brenner, pionero de la genética y ganador del premio Nobel escribe, "...es necesario que los científicos se comuniquen con la sociedad, no sólo sobre el contenido, uso y mal uso de los descubrimientos científicos, sino de lo que nuestro trabajo nos dice de las limitaciones intrínsecas de nuestros cuerpos y nuestras mentes".

A través de la historia se ha perpetuado la imagen del "científico loco"; para muchos la ciencia es aburrida, y todos los científicos son unos "nerds". Nada más lejos de la verdad. El físico estadounidense Isidor Isaac Rabi, dijo que:

"La ciencia es un gran juego. Es inspiradora y refrescante. El campo de juego es el universo mismo". La ciencia provee grandes recompensas intelectuales. "La necesidad es la madre de todas la invenciones", reza el dicho. La necesidad por descubrir y aprender, ha sido el motor de la ciencia y la humanidad a través de los siglos; es lo que nos hace *Homo sapiens*.

Pero el avance del conocimiento científico y su complejidad han impulsado a las ciencias a ser cada vez más especializadas. Con el propósito de ser eficientes y enfocados, los científicos se aíslan en sus especialidades y tecnicismos, perdiendo la habilidad de comunicarse, en términos simples, con el público general.

Más aún, las disciplinas de la ciencia se aíslan entre sí: un biólogo marino conoce poco sobre física de partículas, y un ingeniero mecánico no sabe gran cosa de genética molecular. La ciencia es inseparable de la economía, la salud, la política y la educación. Hoy día, gran parte de la investigación científica es subsidiada con fondos gubernamentales provenientes de los impuestos. La tecnología, producto de la ciencia, es clave para la operación de las industrias, base de la economía mundial.

Los avances médicos alcanzados jamás hubiesen sido posibles sin la investigación científica. Así mismo, muchas de las decisiones que enfrentan nuestros políticos requieren un conocimiento científico básico para ser tomadas con prudencia: la asignación de fondos para la investigación, el calentamiento global, las misiones espaciales, el proyecto del genoma humano. Por último, la educación nos permite establecer una relación recíproca con el público, informándole sobre los beneficios y consecuencias de la ciencia, a la vez que aprendemos de sus inquietudes, necesidades e ideas.

Además, la ciencia promueve el pensamiento crítico e intuitivo, la creatividad y la iniciativa, cualidades necesarias y útiles en todos los aspectos de la vida. Para cerrar la brecha entre ciencia y sociedad, los científicos necesitan ponerse en los zapatos de aquellos que no lo son; hablarle al público en "arroz y habichuelas".

Recientemente el Dr. Eric Kandel, ganador de premio Nobel en Fisiología en el 2000, dijo que "la ciencia tiene que establecer un diálogo con la sociedad. Tenemos que invitar al público a que converse con nosotros, para que comprenda el impacto de nuestra ciencia y participe activamente de las decisiones que tomamos en cuanto a ella y sus aplicaciones." ¡Conversemos, entonces!

Guía de temas y palabras claves

Pag.	Título	Temas
66	Tapetes Microbianos	Ecología, microbiología, salinas de Cabo Rojo, tapetes microbianos, minerales, organismos aeróbicos, ecosistemas, fósiles vivientes, biotecnología, geología, NASA, Laguna Candelaria, fotosíntesis
71	Los tiburones de Puerto Rico	Arqueología, selachos, escualos, Paso del Indio (Vega Baja), yacimiento, centro ceremonial Tibes, estuario ribereño, oceanógrafo, fósiles, paleontología, periodo oligoceno, cadena alimenticia
76	Placas tectónicas, terremotos y maremotos	Ciencias terrestres, terremoto, placas tectónicas, fosa de Puerto Rico, maremoto, tsunami, fallas submarinas, ondas P, energía
79	Los microbios nuestros de cada día	Microbiología, célula eucariota, arqueas, bióxido de carbono, fotosintéticas, fitoplancton, vitaminas, sistema inmunológico
83	¡Eso pica, pica con el rabo pero no con la boca!	Escorpiones, entomología, botánica
86	Puerto Rico: Isla de la neurobiología	Neurobiología, transmisión sináptica, actividad eléctrica, mecanismos de regeneración, aprendizaje y memoria, comportamiento, neurocientífico, canales

Pag.	Título	Temas
Parte IV Las ciencias "en arroz y habichuelas"		
183	Se equivocan los científicos	Calentamiento global, evolución de las especies, compromiso científico con la comunidad, política y ciencia, política pública
187	Conoce a los nuevos enanos	Astronomía, planetas, física, planetas enanos, Plutón, cuerpos celestes
190	¿Dónde se guardan las emociones?	Neurociencia, sistema nervioso, transmisión sináptica, neurotransmisores, memoria y aprendizaje, potenciación a largo plazo, modelo etológico, trastornos psicopatológicos
194	Dueño el cerebro de las acciones	Neurociencia, cerebro, sistema nervioso, ramas de la neurociencia
197	El homenaje	Planeta Tierra, conservación, cambios climáticos, ciencias terrestres, recursos naturales
200	La adicción a drogas: una interrogante neurocientífica	Neurociencia, adicción a drogas, circuito del placer, estudios en Puerto Rico, hormonas, cocaína, dolor, neurotransmisores
203	Plutón va al psicólogo	Astronomía, física, Sistema Solar, Plutón, psicología
206	En avanzada la nanotecnología	Física, nanotecnología, átomos, moléculas

www.ingramcontent.com/pod-product-compliance
Lightning Source LLC
Chambersburg PA
CBHW051306220526
45468CB00004B/1231